JN189065

タツマキボタン
作ボンボヤージュ

まえがき

フレンチブルドッグの
マンガを描きました。
でも私シバ派だし～
結構ですとか言わないで
手にとってみて欲しいです。

お手!!

ボンボヤージュ

登場キャラクター紹介

タツマキ

新入りフレンチブルドッグ。吉祥寺のシャレたペットショップで定価80万円で売られていたがまったく売れず半額以下のワゴンセールになっていたところを買われる。性別はオス。弱そうなのに他の犬に対してケンカっ早い。
フレブルにしてはガリガリのヒョロヒョロだがジャンプ力に優れる。
6歳上のボタンが大好きで舎弟のようにつきまとう。

ボタン

ベテランフレンチブルドッグ。
パイド柄のメス。6歳を過ぎたが元気爆発。人間が大好きで人から「カワイイ」と言われることを至上の喜びとしている。
通常のメスと比べマッチョでパワフル。
タツマキのことは特に何とも思っていない。いや少しウザいと思っている。多分…

ボンボヤージュ

飼い主その1。このマンガの作者。

アッシー

飼い主その2。ちいさい。

ご挨拶・プライス

どーも
こんにちは。
人間より
も動物
大好き、
マンガ描きの
ボンボヤージュです。
だって動物は「コイツの
マンガつまんない」とか
言わないからね♪
というわけで うちの犬を
紹介します。

ボタンとの
出会いは
ペットショップ
コジマで
オバさん達に
頭のテッペンの
ブチ柄を
ブシブシ
押されている
ところを
助けたところ
から始まります。

子犬の頭は柔らかいから押しちゃダメ

ボタンという名前の
由来は
オバさん達も
思わず押して
しまいたくなる
ボタン(スイッチ)
のような独特の柄に
ちなんで付けましたが
後にこの柄(パイド柄)の子
には**よくある**柄だと判明
しました。何だとぅーー!!

新たな仲間はココにいる。というわけで近所のペットショップに来てみた我々。
PET
見るだけだぞ
ココ最近できたの。

やっぱり自分ちの犬と同じ種類探しちゃうよねー♪
フレブルいるかな〜?

いたー

キュピーーン
キャーかわいいー
白ーーい!!

へーホワイト&クリームなんて種類いるんだ。チワワみてーだけどかわいいな♪
クーーン
クーーン

子犬はちっちぇーなー。
うーむ線は細いが毛並みもいいし元気で健康そうなフレンチブルドッグだね。

いいな〜子犬かわいいなあ〜飼いたいな〜♡
ボタンの遊び相手になってくれるなら考えてもいいけど…えーっと8万?…いや
チラ

ドーーン
性別 男の子 誕生日 5/29
800,000円
バババーン
80万!?

マジでー??
高ーー!?
最近の犬ってこんなにすんの!?

よし!! 今回は縁がなかったな…いや
円がなかったなー
さらば

急変・購入

いやーしかし高かったなあのフレブル。売れるのアレ？

ちなみにボタンは35万円くらいだったと思う。それでも他の犬種と比べて高めだったけど80万円はスゲーなー。
安いオンナじゃなくってよ。

だがアッシーはそれでも気になるらしく週末になると見に行くようになった。
ちょっとデカくなったか？
よーしよしよし

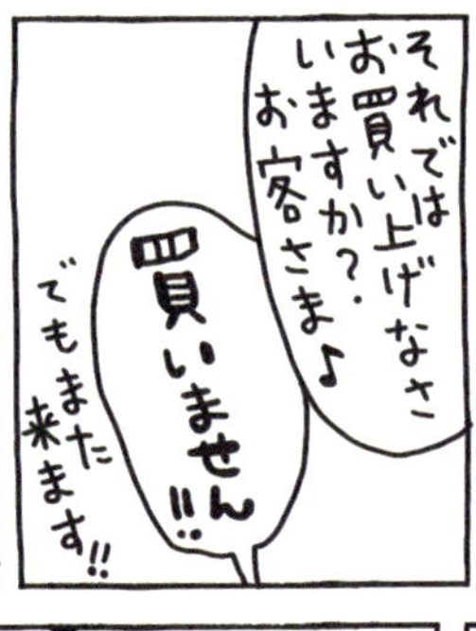
それではお買い上げなさいますか？お客さま♪
買いません!!
でもまた来ます!!

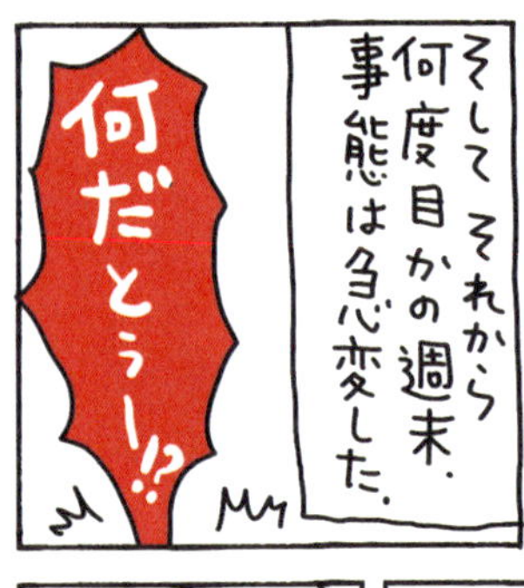
そしてそれから何度目かの週末、事態は急変した。
何だとぅー!?

プライス
800,000円
380,000円
ダウーン

ドーン
半額以下にされとるー

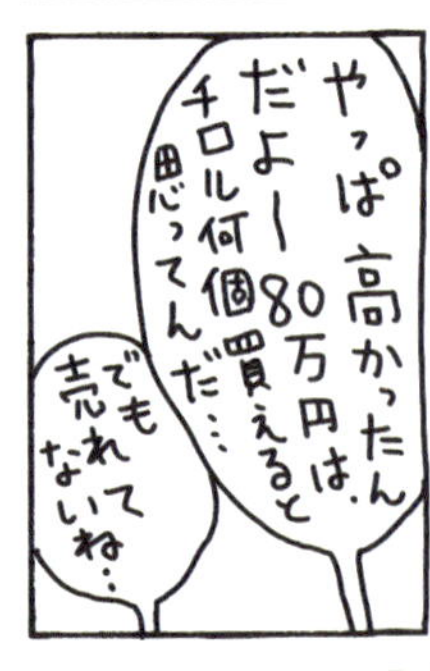
やっぱ高かったんだよー 80万円はチロル何個買えると思ってんだ…
でも売れてないね…

そして更なるニュースが追いうちをかける。
そうなんですよ
えー!??
マジで!?

しょぼーん
この子来週本社に戻されちゃうんだって!!
返品？返犬？

そして本社に戻された犬がその後どこへ行ってしまうのかは店長さえも分からないとか分かるとか〜…

？
くるっ

私も半分出しますからぁどうかこの子を本社の魔の手から助けてやってつかーさいー
おーーぃおぃおぃ

いやいや…ていうか通常はオレが全額出すとこを、みたいな前提オカしくない？
お願いしまーす。

んーーまぁーーボタンの遊び相手にもなるし元々多頭飼いする計画だったしな…
ネコに逃げられたけど

いいだろう。ただし名前はオレが決める。カッコイイやつ。いいな？
やったーー
ヤッターー
こうして6年ぶりにペット購入決定。

後日連れて帰ることにしてこの日は帰宅。
ケージ
マニュアル
ネコでも飼えるイヌの飼い方。
水のみ器
ペットは事前に色々準備しとくものがあるからね。

フームなるほどなるほど。先に飼ってる犬がいる場合は相性もあるのでいきなり会わせるのではなく別の部屋で何日か別々にしていくのが徐々にならしていく大切か。

お買い上げありがとうございまーす。

ボタンただいまーー♪
フフフ

なにその箱？食べ物？

ガタガタガタガタ
何でもないよ。ただの…

別居・寝顔

バタン!!

ガタガタ星人にもらったガタガタ虫が入ったガタガタ箱でーす
ククッ

ヤベぇ
ガタガタガタガタ
こ、これはタダの…

着いたよー♪
パカ

もう6歳なので少々のことには動じないボタンさんです。
まいっか
ホッ
ビタ〜ン

…

キャハハハくすぐったい!!
ゲ!?
?

ペロペロペロペロ
バッ

あ開いた。

こうして数日間はボタンとは別の部屋で秘密裏に世話をすることに。
リビング

アブないねーあの人独りでしゃべってるよ。
…

こんな感じ図解
おもちゃ
ベッド
水
おしっこシーツ

キューン
キューン
ん? どうした? おなか減ったか?

ゴハンは子犬用のドライフードをお湯でふやかしたヤツ。
パピー

ガツ
ガツ
ガツ
ガツ
ガツ

美味しいです。
何やってもカワイイな〜

そんなことはなかった。
ゴーーン
白目
ぐぅ〜〜
寝顔怖っ!?

〜プルプル
プルプル

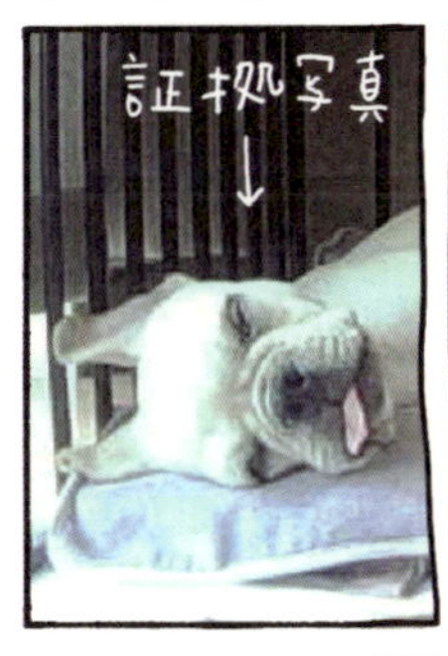
証拠写真
↓

ボタンにバレないようコッソリ飼う計画だったがそこは子犬。全然コッソリしててくれない。
バッ
ダダッ!!

ピュー
ぐるぐる
ぐるぐる
バサー
ガシャン
オイ

結果
ぐしゃぐしゃ

命名・避難

・・・
あーまた水入れひっくり返した!!
もぉ〜〜
ぐるぐるぐる〜

カッ

バッ
バ バ バ バ バ バ バ

バッ
ハッ

命名
タツマキ
バ
バ

名前は
タツマキ
に決定!!
ドーーーン

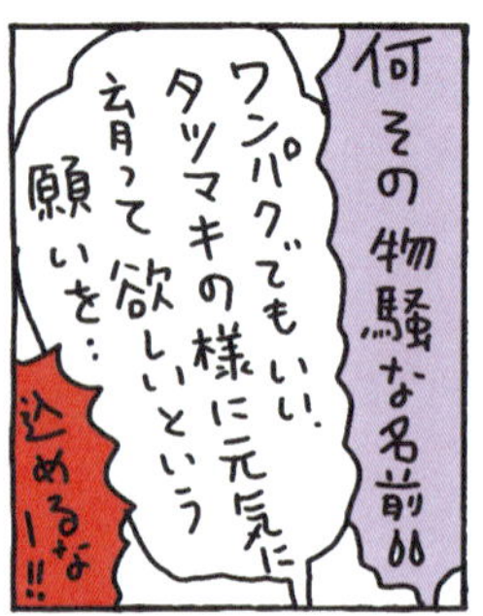
何その物騒な名前
ワンパクでもいい、タツマキの様に元気に育って欲しいという願いを…
込めるなー!!

元気が一番

そしてタツマキが来て数日…もたたない内に…
ん?
スタスタスタ

じぃ〜
ど、どうしたボタン?

キラーン
何か…いるよね?
バレた。

ゴメン 実はないしょでコレを…
しかたない。ご対面〜
プラーン

クン クン クン クン
ビクビク

タツマキビジョン
ナンだぁ～オメェー
ゴゴ
ゴゴ
ヒィ～

ぐい ぐい ぐい
ヒィ～

イヤー やめてー
テテテテ

ドドド
テテテ～

スポッ
!?

さすが子犬。ボタンが入れないチェストの下に入って避難完了。
♪

まぁ特に相性最悪な感じもしないので大丈夫かな？

1ヶ月後・4ヶ月後

タツマキが来て一ヶ月がたちました。
おお…デカくなったな。
しかしコイツ全然フレブルっぽくねえな。
ヒョロヒョロでウサギみてーだな。

ヒョロヒョロですが元気です。
フヌー
フヌ〜〜

ボタンともまあ上手くやっています。
遊んで遊んでー
寝てたのに

うふふホラホラー
ムゥ

待てー
こっちこっち
スタタタター
ドドドド

じゃあ先輩失礼しまーす♪

ゴッ

デカくなってチェストの下に入れなくなっとる!!

下がダメなら上だ〜〜♪
ビョーン

エヘヘ

コイツずっとこんなチワワみたいな顔なのか？
フレブルじゃないみたい。

だがそんなことはなかった。
・・・
さらに4ヶ月後
・・・

誰だ？コイツ。
ゴーーーン
ハーしんどい。
注 タツマキです。

・・・ずずい分変わったな・・・
ダルいわ〜。
座り方オッサンだし。

特に顔のダルダルがスゲーことに。
ボタンより全然たれてるなー。オスだからかなー？まあフレブルっぽくはなったけど…
ダル〜ン

キラーン
ダルーン
典型的な「小さい頃はかわいかったのにね〜」って言われるタイプです。

まあそれはいい。それはいいが色はどーした!?
ホワイトクリームのハズだがホワイトはどこ行った。
なんかノラ犬みてーな色になったんですけど。
名前ホワイトちゃんにしなくて良かったよ。

タツマキですよ。
え？誰？

タツマキ 進化形態

第1形態

↓

第2形態

↓

第3形態

完成!!
どーーーん

ヒョロヒョロとドスコイ

続きまして
ボタンさんの特徴も
ご紹介しときましょう。
いいわよ。

これが通常のスタンダードなフレンチブルドッグのメス。オスに比べて小柄で力も弱く体重は8kgくらいかな。
対してうちのボタン・・・

迫力の12.5kg
ドスコーイ

弱点は暑さ。
いつもハァハァが止まらない。
ハァ
ハァ
ハァ
ハァ

ひとたび外へ出れば大人気の宝塚男役。
やっぱり男の子は元気ねー♪
わ〜たくましい!!
ムキムキくんね。
えーっとボタンくんの診察ですけど…あっ間違えた。
ドスドス ドスドス

メスですからぁ〜。スッゲー重いけれど
一応女の子ですからぁ〜〜。

だが戦闘タイプはオスにも負けない近距離パワー型
ドゴ!!
ゴルッ!!

そんなコンビです。シクヨロ。

ボタン大好き

タツマキは…
タツマキッス、コンニチワッス、

ボタンが大好き!!
L・O・V・E
ラブ

大好きといっても歳も離れているしカップル誕生♥という感じではなく
親と子…いや姉と弟のような関係…いや
どちらかというと…
6才
ガキ

ネエさん♥
舎弟!!
または子分(一緒か)

舎弟なのでドコへ行くにもついて行く。
どこ行くんスか。
ドスドスドス
ヘコヘコヘコ

水ッスか。美味しいッスか。
ピピチャピチャピチャ

ボクも飲んでいいッスか。
ピピチャピチャ

次どこ行くんスか。
ドスドスドス
ヘコヘコヘコ

寝るんスか。
ドサッ

となりいいっスか。

あれ？せまいな。
？
ちょっと寄ってもらっていいっスか？
ぐいぐい

あれ？
ヒョイ
スタッ

どこ行くんスかー
ズサー

キレた。
ガウガウワングヴァッ
（ついてくんな）
ヒィ〜〜

このようにボタンはどちらかというとウザいと思っているようだが…
…ねネエさん
フー
フー

怒った顔もステキっス♪
タツマキはニブいので気づいていないようだ。

ハーフ&ハーフ

ボタンは…
ガリガリガリ
あっトイレ？
よっと
12.5kg
家の中でトイレをしない。なので散歩以外で用を足す時は外へ抱えて出してやる。正直トイレのたびに12kgを出し入れするのはしんどい。
そこでタツマキくん、君にはぜひとも家の中でトイレできるようになっていただきたい!!
飼い主の腰を守るため!!
ハァ
上手く犬用トイレにできたあかつきにはこのごほうびオヤツをあげよう♪
!?
いいんスかーヤッター♪
こうしてタツマキのトイレトレーニングが始まった。
犬用トイレ
オシッコ
ダメっスか。
あーもうちょい右だなー。これじゃごほうびあげられないなー。
そして数日後
この辺かな？
ジャジャーン
ジョー
できた～♪
よーしよし!!
ごほうびどーぞ♪
アグアグ
むぅバカっぽい顔してるけどタツマキはバカではないかもしれない。

以後トイレをするとアピールしてくるようになった。
できたっス!! やったっス!!
ん? トイレできた?
よーーし チェックタイム♪
ダダダダー
♪
だが・・・
ドドーーーン
アウト
イン
うんこ アップで描いてスンマセン!
どうっスか?
この場合 ホメるべきなのか シカるべきなのか。
ハーフ&ハーフ!!
こうして たまにハミ出るけどタツマキはトイレを覚えた!!
なるほど、このギリギリが良いんスねー。
プルプルプルプル
やっぱアウトー!!
・・・・
よし!! ハ、ハ、
えんーーっとーーっと
ハーーフ!!
じゃなかった
セーーフ!!
ごほうびど〜ぞ♪
♪

丸飲み

タツマキは・・・
ほーら オヤツだぞ.

ガッ ガッ ガッ ガッ ガッ
ガッ
・・・

ガッガッ ガッガッ
ゴクン
飲むなー
かまない。何でもスグ飲み込もうとするので目が離せない・・・

かむのメンドウッス。
オヤツとカレーは飲み物ッス。

そんなオマエに超ロングガムー
ビローーン
牛皮でできてます・・・

よし これならほっといても安心♪ゆっくり食べな。
ハムハム

15分後・・・
アハハハハハ

くるっ

ゴゴゴ

ゴゴゴ
ゴゴゴ
ゴゴゴゴ
ガシッ
まさかキサマー!?
ビョーン
ズルズルズル〜
ズル…
ギャ〜〜〜
やっぱり丸飲みしてるぅ〜
バカぁ
お前はニシキヘビか〜
またはモチすすりジイさんか〜
ホントやめて欲しい…
スポ〜ン

フレンチブルドッグとは?

原産国 フランス. ブルドッグを小さくして耳をとがらせたような見た目で一見ブサイクに見えるがよく見るとやっぱりブサイクな顔をしている. だがそれがいい. 見た目に反してデリケートなのでとても手がかかる. だがそれがいい. ハマると抜けられなくなる魅力がある.

カラーバリエーション

ブリンドル

パイド

クリーム

フォーン

パンダ？

・・・

散歩デビュー

ネコはしなくていいけどイヌはしなくちゃいけないものなーんだ？
税関での麻薬探知？
違います。

答えは「散歩」
イヌは散歩が大好きでーす。
飼い主はメンドイから嫌いでしーす。
待って～
ズダダー

そんな大好き散歩も初めての時はキンチョーするようで
ボタンも散歩デビューした時はこんなでした。

ブロロー
ザッ
ザッ ザッ
スタスタ

ブオォーン
ガシャン
ザッザッザッザ…
プー
ガタガタガタガタ
ヒィ

初めての外の世界にビビりまくって近所のアパートに逃げ込み・・・
ちょ!?
バタバタ

階段の下に隠れてガタガタふるえた初散歩。
初散歩～（生徒一同）

今はこんなだけどね。
ニャー
ドカッ
うわー
ドスドスドスドス
バン

そして今回ついに
タツマキ
散歩ノデビュー
何スかコレ?
犯人拘束っスか…

フッフッフ
それでは初散歩
行くよ〜〜
タツマキ覚悟しろよ〜
ビビるぜぇ〜
え〜

だがしかし…
ズッタカタ〜
ピュ〜
スタスタ
スッタカタッタッタッ
タ〜〜♪

あれ?初めての外なのに全然ビビってないな。意外と度胸が…いやコイツ
ぐいぐい

ボタンしか目に入ってねぇ!!
じぃ〜〜

タツマキの視野

タツマキ
散歩ノデビュー
完了!!
ネエさ〜〜ん♡

本能のポーズ

初散歩のキンチョーを
ボタンの尻をガン見
し続けることで回避
したタツマキ。
しだいに
まわりに
目を
向ける
ようになって…

近い近い!!
もっと犬間距離
とって!!
ピタァ

コイツマジキモい。
ザッザッザッ

・・・・

おっとここで
ようやくボタン
以外のものに
興味が出たか。

イヌといえば電柱。
やはりイヌが一度は
立ち寄りたいスポット
ナンバー1ですね。
くんくん
くんくん
くんくん

ピタッ
おや?

バッ
おおーっと
このポーズはもしや
オスイヌ定番の〜!?

ぐぐ〜

ババーン

ビカー
キター
教えてないのに
定番オシッコポーズ!!

おーしてるしてる。
親のしぐさを見て
とかじゃなくて
自然にできるん
だー。
本能スゲー!!
ジョー

バシャー
オシッコはちゃんと
流しましょう♪

ジョ
ジョジョジョ
ジョ

メンドくせぇな
・・・オス。
そして本能。
ジョ

お友達？

ボタンは散歩中に犬に会っても知らんプリ。だってだって…
キャンキャン
クゥ〜ン
ワンワン

犬に興味がない。
無視〜

その代わり人に話しかけられると大喜びで突撃手。ボタンは…
おいで〜♪
バッ

人間大好き♥
ちょっボタン!! スイマセ〜ン
ぐいぐいぐいぐい
おっとぉ
ビョン

タツマキは人間には興味ないみたい。犬の方が好きなのかな？
シーン
…
ドスドスドス

あっ!! カワイイ子来たよタツマキ♪
初めまして〜。

あっ
お友達だ♪

こんにちは♪
ニコ

ガルルルァー!!
ドーン

ヷンヷンワン
ヴァンワン
ウ〜〜
グルルル

ええ
顔コワッー!!

ちょっ
タツマキ
やめろって
フーフーフー
どうやら犬好きでもなかった…

タツマキにこんな激しい一面があったとは意外。メチャ怒ってる〜〜
ヴーグルルル
何よやるならやるよ

ヒョロヒョロでもオスはオスということか。
ガルルルー
お前そんなだったら去勢するぞ!!

去勢はしないで下さい!
…コイツ

初散歩で判明したタツマキの新たな一面。でもケンカ弱そうだけどなコイツ…
ネエさん以外の犬はブチのめすっス♪

分析

散歩出発～♪
進め――!!
行くっス

あっオシッコした
ジョ～～～

水かけて流しといて～～!

くんくん

ペロ

うわっ!? コイツボタンのオシッコなめた!!
何い!?

タツマキ!! オシッコなめちゃダメでしょ、コラ!!
ゴゴ
こっち向け!!

ゴゴゴゴ

ゴゴゴ

ゴーン
ブルブルブル
えー!?

ビリビリビリビリ
なんかシビレてるー!?

いやぁ〜〜気持ち悪い。変態っぽい変態っぽい!!
ヒィ〜
ビビビビビ…
何コレーー!?

…なんかロボっぽいな…
ブブブブブ…

ブブ…ブンセキチュウ…データブンセキチュウ…
カタカタカタ
ビビビ
ジィィ〜
オシッコセイブンブンセキチュウ…

分析してる!?
ビビビビ カタカタカタカタ
スゴイ分析してる!?

ピタッ
あっ止まった。

OKっス!!
何が!?

ハーシビレた。
とりあえず舌しまえよ変態犬

ウンコの後始末

ウンコが出るとスッキリして気持ちいいのかテンション上がってそこら中ハネ回り…

ビョーーン

ピョ〜ン

ズッキリー

タツマキの場合
ネエさん
ウンコはすぐ砂かけないとダメッス。
スピードと勢いが大事ッス!!

スポーーン

ザッ
ザッ
おっ いいね〜♪

意外に几帳面なのか勢いよく砂をかけ続けるも段々後ろに下がっていき…
ザッ
ザッ
ザッ
最終的には
も、もういいんじゃ…

ぐっ
あ

ザシュ!!
ピュ――
!?

ウンコー
カムバーック!!
キラーーン

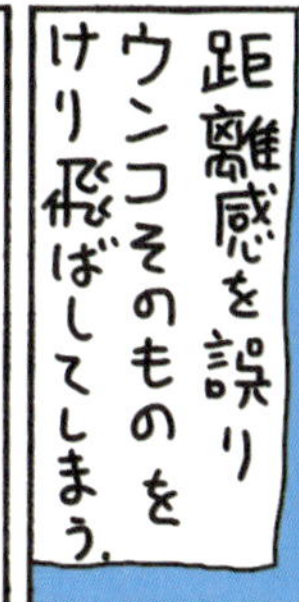
距離感を誤り
ウンコそのものを
けり飛ばしてしまう。

ウンコはちゃんと
持ち
帰りましょう♪

草食系

ネコが草を食べるのはよく知られてます。
理由は毛玉を吐きやすくするためとか諸説あるようですがネコ草なる草まで売っているのでニーズがあるのでしょう。

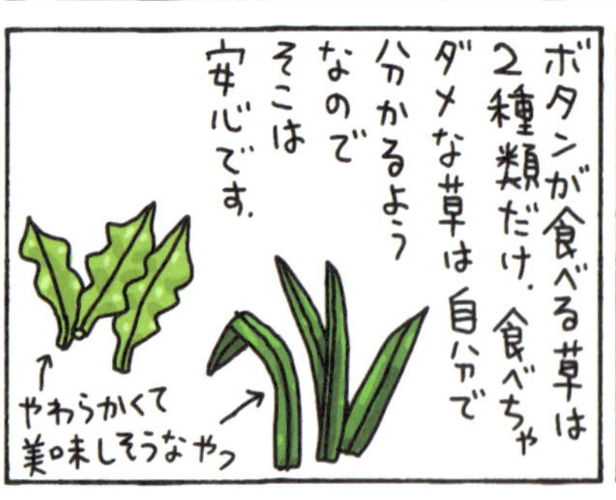

大丈夫かなぁ…
タツマキちゃんと食べられる草選べるかなぁ…

ダメだー!! 明らかにヤバそうなヤツ喰ってる――…
ドーン
アグアグ
ビオランテみてーな草チョイスしてるー

翌朝
スッキリ快便~♪
スポーン
ボタン整腸完了

対して…
ぐきゅるるるるる
ほら見ろ.

しかも
なんかオシリがムズムズするっス.
モジモジ
?

尻から何か出てる…
ピローーン

ぐい

ズルー
!?

スポーーン
そのまま出てきたー!!

口から食べて尻から出すイリュージョン
ジャーン
お前草禁止な!!

衝撃

ええ〜〜!?

ホントに!?
どうして??

外へ散歩に連れていくようになって気づいたのですが…
ヒェー
まぁ怖い!!
理由は??
物騒じゃない?

えーっともう一回聞いてもいいかしら。こっちの子が…

ボタンです。
ハッ ハッ ハッ
ボタンちゃ〜ん。かわいいお名前ね〜♡

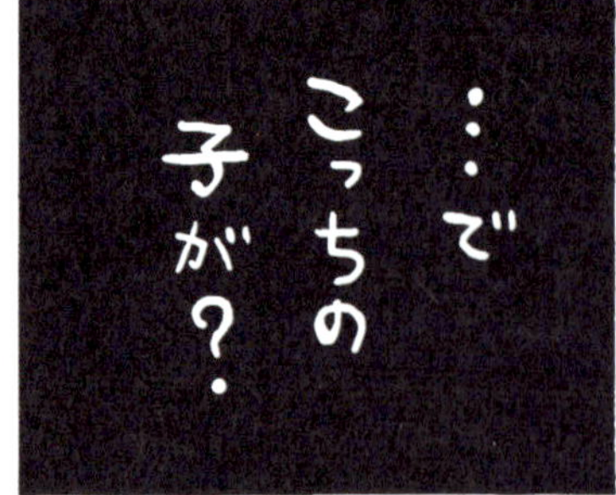
…でこっちの子が?

タツマキです。
ちぃーっス。
なんで!?

竜巻!?
ザワ ザワ ザワワ
スゴイ名前!!
どうしてどうして??
教えて!!

そもそも大して深い意味も無くインスピレーション?でつけた名前なので色々聞かれても困る.

そして何より困るのはこの飼い主 日本で指折りの人見知りの引きこもりの話下手の声小っさい人間で目立つことが何より嫌いな性格なのに…

あ…う…

ハーネス

ハーネス
イヌやネコは首輪をつけてるイメージがありますが力が強くグイグイ引っぱるイヌには首に負担がかからないよう胴体に巻くハーネスという選択肢もあります。
首輪
ハーネス

パワー型のボタンはずっとハーネス派。
ぐぃぐぃ〜

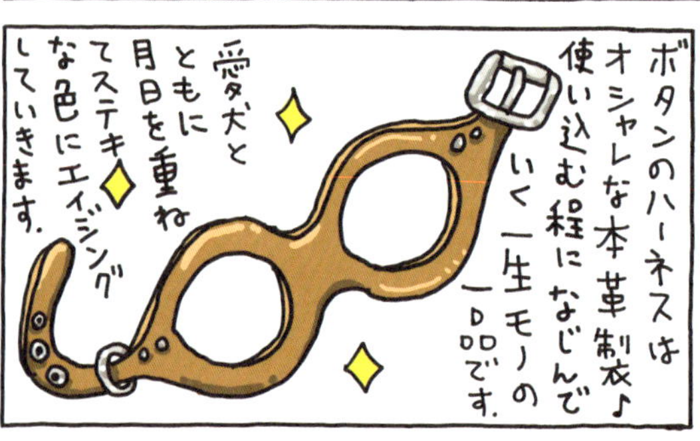
ボタンのハーネスはオシャレな本革製♪
使い込む程になじんでいく一生モノの一品です。
愛犬とともに月日を重ねてステキな色にエイジングしていきます。

カベにこすりつけたり
ゴリブリゴリ
バリバリー

水に飛び込まなければ。
入っちゃダメ――!!
ザパーン

こ、これエイジングか？
ボタンは本革向いてなかったなあ〜
ナイロン製にすべきだった。
あーこれまた買いかえないと…
ボロッ

タツマキのハーネスも子犬用の試供品だからそろそろちゃんとしたヤツ買ってやるか。
カッコイイやつお願いするっス.

素材はナイロンで問題は色と柄か、うーむ悩ましい。
ハーネス買ってきたよー♪
オシャレな柄探してきたよー!!
♪
良かったなタツマキ
ハイどうぞ
ガオーン
ヒョウ柄!?
ビカー
な、なんでヒョウ柄にした?イヌだぞ一応!!
え?オシャレだから。
その理屈だと大阪のオバちゃんは全員オシャレということになるぞ。
大丈夫だって～
とりあえず装着してみた。
ジャーン
タツマキニューハーネスヒョウ柄仕様!!
…似合って…いるのか?
何だろうこのヘンタイ感…

ゴロゴロの理由

説明しよう、
ボタンは
お気に入りのニオイ
があるとゴロゴロ
転がって自分の体
にそのニオイを
つけるクセがあるのだ
!!

えーかわいい〜♥
香水みたいで
女子っぽーい、
好きなニオイつけ
たくてゴロゴロ
したの〜♪

①ウンコ
（他のイヌの）
②干からびたミミズ
③下水
このどれかで間違いない。
香りのチョイス最悪だな!!

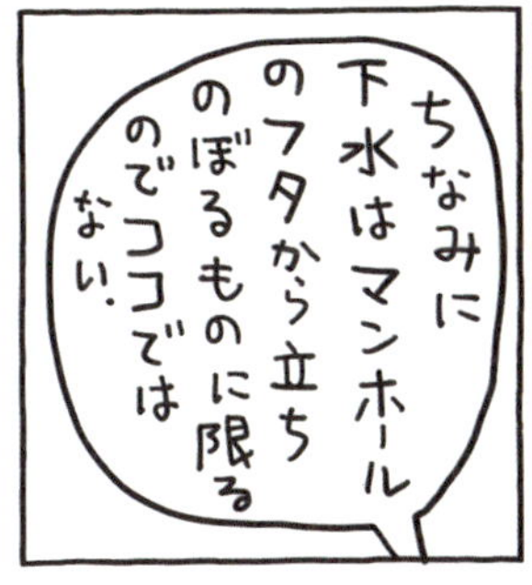
ちなみに下水はマンホールのフタから立ちのぼるものに限るのでココではない。

ヤバいのはウンコだが今回は干からびたミミズだったのでセーフ♪
ゴロン

ちなみにウンコだった場合どのような事態に？
ウンコの状態にもよるが基本
大惨事

ガサガサガサー
一番ヒドかったのはボタンがまだ1才だった時の多摩川の原っぱ…
ボタン何してんの？

ゴーン
ギャー!?
ズダダダ

今でも思い出す。草むらから飛び出してきたボタンはもはやワンコなのかウンコなのか分からない状態だった…

グリグリグリ〜
やめてぇボタン〜〜

マンホールLOVE

ハーイ
ユタ州のパパ
ママ
元気にしてますか?
ナンシーは日本で元気に暮らしてイマス♪
日本にホームステイして一週間たちマシタ.
ニンジャにはまだ会えてないけれど日本はベリーベリー不思議なカントリーデス.

あれは…
イヌデスカ?
こないだもドッグのウォーキング現場にそうぐうしたのデスが…
?

オーマイガッツ!!
なんということデショウ!!

マンホールの上でイヌが死んでマシタ.
ゴーーーン

ピクッ
!?
ノー!! ソーリー
死んではいませんデシタ.
それどころか…

ぐりぐり
ぐりぐり

ピタッ

バタバタ
バタ
バタ

マンホールの上でブレイクダンスを踊っていたのデス。ものスゴい勢いで転がりものスゴい勢いで背中が汚れていきマシタ。
ギュルルルー

そのかたわらには一切の表情を無くした飼い主らしき人が一人、アレが有名な無我の境地。サムライマスターなのデスネ。
ギュルルルルルー

そうそう、思わぬ出会いもありマシタ。我らの故郷ユタ州から日本に渡りメガネ一本で成り上がった英雄…

ケント・デリカットに会ったのデス♪
チガーウヨ!!

そんなケントウ違いなことを言ってるうちに
スクッ!!
マンホールから背中の汚れたイヌがようやく立ち上がり散歩を再開する…

くん くん くん くん

ビターン
チガーウヨ!! 再開しナイヨ!!
どうやら下水のニオイを体に付けてるヨウデス。

ユタ州にはこんなイヌはいないので
ナンシーはとてもオドロキマシタ。
See You!!

1＋1＝無理

フレブルは力が強いイヌです。ボタンだけでも大変でしたがタツマキが加わってからはもう大騒ぎです。
＋
＝？

ズダダダダダー
速いよ

引っぱるなって〜
ぐいぐいー

ズダダダ
ダダダ

こっちっス!!
ひょい
あっ

ズバババババーン
待って!! そっちじゃない!!

ちょっ!! 電柱!! 待って止まってく…
ぐいぐいー

ゴッ!!
ブッ

ハッ!?
じぃぃ——…

イデデデデデ…
ギュ～～

くるん!!
ハア!!

パシ!!

ぐぐぐ…

ビン!!
ビン!!
ビチ——ン
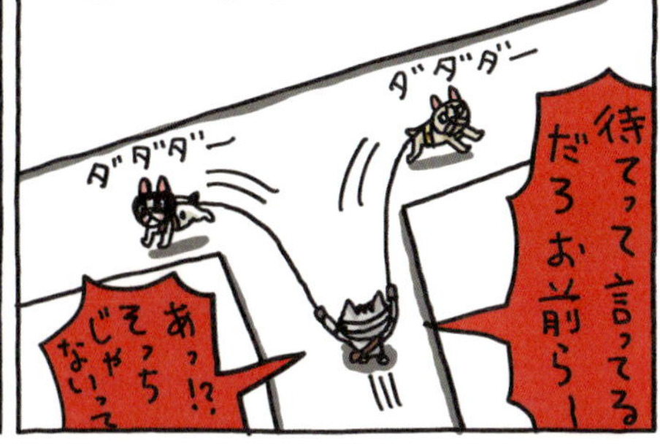
待てって言ってるだろお前ら～
ダダダ—
ダダダ—
あっ!?そっちじゃないって

ハッ!!
ぐぃ—
ぐぃ—
じぃぃ——…

あ゛あ゛あ゛～
ぐ゛いいい——

訓練

ギュ〜〜

イデデデデデ
ちぎれるちぎれる
それぞれがそれぞれのマイロードを突き進む、それが我が家のエブリデイズ.

公園でもゴーマイウェイ.
あ
ドドド
バッ!!

いでででででで
ちょっ待ってまって…
グイー
グイー

お前ら何だコラー!!自分勝手が過ぎる!!
こうなったらしかたない.
こんなんじゃダメだ!!

ドーン
訓練を行う!!

そして厳しい特訓は連日連夜行われ…
※イメージ映像です.

訓練は完璧な形で終了した.
よし実戦だ.

ミッションスタート
ドドドド
○○公園
むっ!?
ダダダー

ハイィー!!
シュバババババ
ババ
バッ
ババ

トゥーー!!
ビョーーン

むむ!!
ズドドド
スッタカター

ハア!!
パッ
ブン

ドドドド
ひょい
スッタカター
ズリズリー

パシ

ミッションコンプリート♪
ビョーーン
ビョーン
お前(飼い主)の訓練かよ!!
イヌを訓練しなさいよ…

ボタン愛のメモリー

このお腹を見ていただきたい。
パンパンでしょ？

当時、これ見た時、このお腹は
ただごとではない〃どうしよう〃と
大慌てで自転車こいで病院に連れて
行って「先生ボタンのお腹がこんなに
ハレてしまったんです!!」と言ったら
「うん、ゴハン食べさせたでしょ？」と
言われた。その通りだった。満プクだった。

フレブル式

正しいイヌのおすわり
スタッ!!

フレブル式おすわり
ダラ〜

正しいイヌのふせ
シュタッ!!

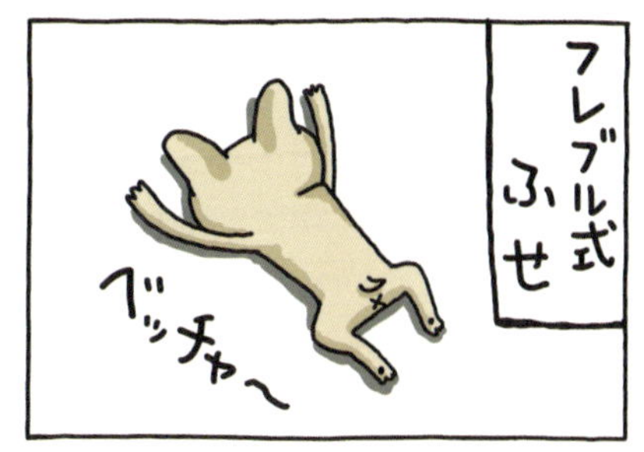

フレブル式ふせ
ベッチャ〜

誕生日

タツマキ〜〜
誕生日おめでとう〜♪
TATSUMAKI

大きくなったな〜
エラいぞ〜
よーしよしよし♪
ブチュ〜
ヤッタッス〜
大人ッス〜

タツマキの好きなケーキ買っといたから.
ヤッタッス
ハラペコッス

ガッガッガッガッ
よーし じゃあ
ケーキ切ろっか!!

これまでのあらすじ

むかーし
むかし
具体的に言うと
なんにもなかった
神奈川県川崎市の
武蔵小杉に
高層ビルが建ちは
じめ新種のセレブ種
ムサコマダムが近々
発見されようとして
いたそのくらいの昔。
隣の駅の多摩川の
ほとりにネコっぽい
イラストレーター
ボンボヤージュと
一匹のフレンチブルドッグ
が住んでいました。

ふたりはそこで
長い歳月を
共に過ごし
プリキュアの
プリとキュア
くらいにお互い
なくてはならない
存在になって
いました。

ハハハ
待てよ〜♥

3人はムサコマダムと
シンゴジラから逃げ
るため東京を目指し
ました。

このマンガはそんな2匹のフレンチブルドッグを通して何気ない日常の中にあるイヌとヒトとの絆・愛と信頼を余すところなくマンガ化したような感動大作ではありませんのでどなた様もお気軽に読んでいただけると幸いです。

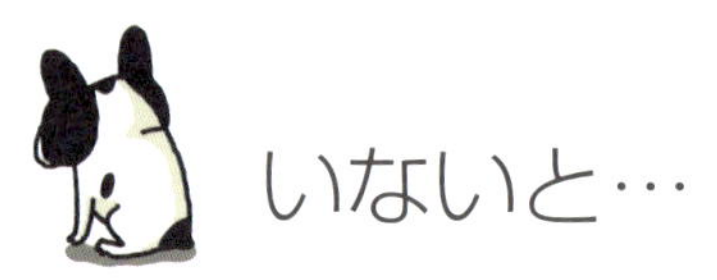

いないと…

タツマキはうちに来てから一度もボタンと離れたことがない。
いつも一緒だが…
注 タツマキです。

コイツ…ひとりで留守番とかできるのだろうか。心配だ…というわけで。
ネエさ～ん遊んで欲しいっス～
…

訓練もかねてボタンだけ外出させてみた。
じゃあ行ってきます。

バタン

タツマキ。おとなしく待ってられるかな。

ネエさん？

ガタ ガタ ガタ ガタ ガタ

ヒィー
ネエさんがいなくなったっス――!!

ダメだった。
イヤあー
ギュルルルー
ドカン!!
ドコっスかー

アニマルパニック発生。ドアが無理とわかるやガラス戸にダッシュ!!
ビュオオオー

ガリ
ガリ
ガリ
ガリ
ガリ
バッ

ハァ
ハァ
ハァ
ハァ
ベタ―

その後も家中走り回りボタンを探す。
何度も玄関チェック
いない!!
いないっス
ダダダ

ついには大好きなオヤツもノドを通らなくなる有様。
ほらタツマキ、ガムだよ!!
…いらないっス。
ドヨ――――ン

さてタツマキはひとりで待てたかな～～♪

ガリガリガリ

ネエさーんだー
うわっ!?
バンバン
ブサッ!!

ペロ
ペロ
ペロ
ペロ
ペロ
ペロ
ペロ
ペロ

心配したっスよ～
コイツ…ボタン依存症だな

ライフワーク

ボタンには小さい頃からずっと続けていることがあります。ほぼ毎日、もはやライフワークとも呼べるその行動とは・・・・

ゴゴゴゴゴ

ががががが
ドドドド
ダッシュ!!

くるっ
バーン
ポイ捨てされたペットボトルを拾う!!
!!

何が気に入ったのか見つけると大喜びで拾いに行き…
バン
しっかりとくわえて固定すると…
ガリ

ガリゴリガリゴリ
ベキベキゴキ

パコッ

ペッ
まずはペットボトルのフタを外す!!
おお外れた!!スゲ〜。

散々ほめられてゴキゲンで家路につくボタンであるが家につくと誰もほめてくれる人がいなくなるからなのか…

このペットボトル拾いの趣味?のおかげで近所ではちょっとしたおりこう犬として見られているボタンだが本当にエラくておりこうなのはボタンが持ち帰った誰が飲んだやら分からぬペットボトルを分別して捨ててる飼い主であると声を大にして言っておきたいと思うしだいであります!!

ラベル取るんだっけ?…ってなんでオレが…

リサイクルゴミ

2L

ボタン趣味
ペットボトル拾い。

だがしかし
いつも落ちている
とは限らない。
キョロ キョロ

そんな時はコレ…
ゴソゴソ

ジャーーン!!
家から持ってきた
ペットボトル〜!!
テレレレッテ
レ〜♪
天然水
レモン

ほらボタン♪
ペットボトル
だよ!!
♪

ピタ
?

くんくんくん…

それ…家から
持ってきたね?
バレた!?

私は天然モノしか拾わないオンナ!!
バッ!!
ええー

ガラガラガラ
お？あった？
たとえそれが…

ガラガラ…

ヒョッコリ
♪

ズッ
!?

2L
だったとしても!!
ドーン

デッカ!!

私は走る!!
ガランガラゴロン
ゴリゴリゴリ

恥ずかしいからヤメてえぇ〜〜
ガラガラゴロガシャ

跳ぶ

タツマキがいなかった頃はボタンのジャンプ力の無さを利用して散歩で歩かなくなった時の対処法として…

ダラダラダラ

もう帰ろうぜ〜

愛読者カード

A. 最近お買い求めになったキャラクターの本、グッズがありましたら、教えてください。

(1)リラックマ　(2)すみっコぐらし　(3)センチメンタルサーカス　(4)ぐでたま
(5)おじぱん　(6)ばなにゃ　(7)ハローキティ　(8)マイメロディ　(9)キキララ
(10)カピバラさん　(11)じんべえさん　(12)スヌーピー　(13)ディズニーキャラ
(14)その他 [　　　　　　　　　　　　　　　　]

B.「タツマキボタン」をどこで知りましたか？

(1)コミックサイト「パチクリ!」で　(2)友人などからのクチコミで　(3)店頭で
(4)SNSの情報で(具体的に下にお書きください)
[　　　　　　　　　　　　　　　　]

C.イヌとネコどちらがお好きですか？ 教えてください。

(1)イヌ
(2)ネコ

D. なにか動物を飼っていますか？ 教えてください。

(1)飼っている　(どんな動物ですか？　　　　　　　　　　)
(2)飼っていない

E.タツマキボタンを読んでどんな部分を気に入りましたか？ 教えてください。

F.「旅ボン」と「ちびギャラ」以外で、ボンボヤージュさんのどんな本があれば購入したいと思いますか？ 具体的に教えてください。

★お名前・住所など個人を特定できる情報は絶対に公開しないことを条件に、このハガキのコメントを本書の宣伝に使用してもよろしいですか？
[使用してもよい ・ 使用しないでほしい]

※このハガキの内容を本書の宣伝・広告に使用させていただく場合は、必ず匿名とし、お名前・住所等の個人情報は絶対に公開しません。

お手数ですが
62円切手を
おはりください。

郵便はがき

104-0031

東京都中央区京橋通郵便局留
主婦と生活社 ね～ね～編集部

「タツマキボタン」係行

ご住所 〒□□□-□□□□ ☎ - -	
都・道 府・県	
Eメールアドレス： @	
フリガナ お名前	男性□ 女性□ 年齢（ ）歳 職業（学年） [ ]

★プレゼント★

この愛読者ハガキを送ってくれた人の中から抽選で30名様に、記念品をプレゼントいたします。締切は2019年3月3日消印有効。当選者の発表は、賞品の発送をもって代えさせていただきます。

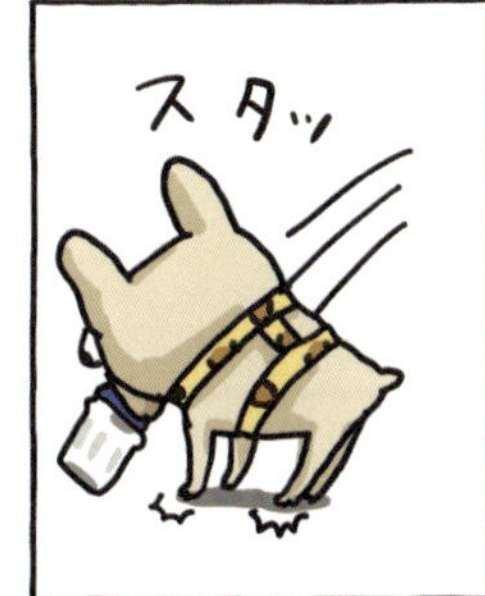

タツマキのせいでスムーズな散歩進行に支障が出ています。

もう〜〜帰ろうってば〜

歩かない

ボタンの散歩に…
テレレレレッ
テレー♪
ボタンが散歩に行く。
どうする?

歩く
は無い。
選択肢
▶走る
すごく走る
メチャ走る

常に全力
猛ダッシュ!!
ドン!!

ぐん!!

止まる時はブレーキべた踏み急停止
キキィィ——!!

気になるものを
チェックし終えたら
…
くんくんくん
くん

再び猛ダッシュ
ギャオッ

ついていこうと
こちらも必死の
猛ダッシュ!!
くっ
ダダダ

キィィ!!
くっ
キィ〜
した直後に急停止!!

からの再ダッシュ!!
ドン
オゥ
ビィーン

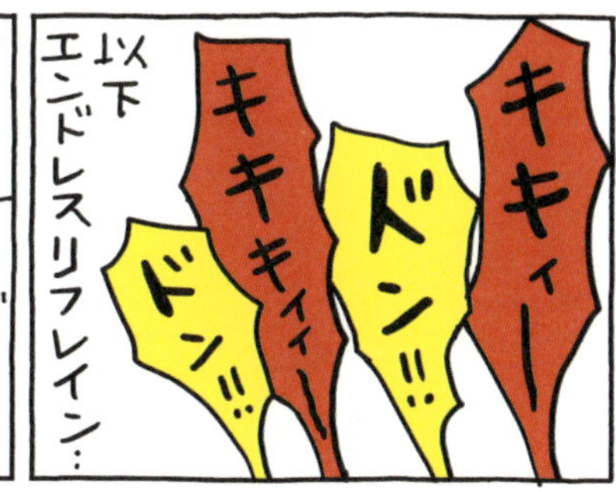
キキィー
ドン!!
キキキィィー
ドン!!
以下エンドレスリフレイン…

結果地べたに倒れるまで走る。
ハァ
ハァ
ハァ
ハァ
ゼェ
ゼェ
ゼェ
なぜ歩かない?
ボタン!!

歩くより走った方が速いでしょ。
ボタン

歩いてぇ〜!!
もういっちょ行くか!!
ギャオッ!!

そしてタツマキが来てからは…
ネエさんオシッコするんでちょっと待って…
ジョ〜〜

待つわけないので
ドン
!?

ジョバババババ
あっス…
さらに大変です
ぐいー

座らない

ボタンの散歩は全力ダッシュ!!
歩くが無いけどもうーフ…
ギャオッ!!

座るも無い!!
シャキーン

どんなに走って疲れても座って休むことなど無い!!
ハァ
ハァ
ハァ
ハァ

座るくらいなら倒れ込む.
バターン!!
それがボタンの流儀.
大丈夫ー!?

カートに乗せて移動の際も…

カートの中で直立不動!!
シャー
意味ないから座りなよ〜

ちなみにコイツは…
タツマキッス,ガンバルッス♪
ヘコ ヘコ ヘコ

すぐ座る.
もうダメッス.
ハァー しんどいッス.
ドサッ

ネエさん さすがっス～…
シャキーン!!
元気があって いいじゃないかと 思われるかも しれないが・・・

ポカポカ日和の 原っぱなどで…

空を見上げて ノンビリなんて ステキだよねと かたわら見れば・・・
ハァア～～♪

シャキ～ン!!

ボタン座りなよ～ ノンビリしようよ～
ぐぃぐぃ
ぐぃ ぐぃ
シャキ シャキ シャキーン!!

自分 疲れてません ので!!
キッ
空気 読めよ!!

どこへ行ってもダッシュ ばかりで景色を楽し むヒマもない。
座ろうよ～、休もうよ～
さっ 行くか!!

家だと座ってるん だけどな～～…
ジィ～

究極ペットボトルスポット

だが全部
はさすがにムリなので
皿に入れてボタンに
飲ませるか 散歩用
給水ボトルに移す.
早く
早く〜

だが
その光景を
見た人は
きっとこう
思う
だろう
・・・

コイツ
イヌにわざわざ
エビアン買って
飲ませてやがる
違うんです〜
誤解なんです〜

キュッ
よし
そうして空になった
ペットボトルに再び
フタを取り付けて
完成!!

コロン

♪
ガッ
ガガッ

ガリゴリ ゴリガリ
パコッ

よし 行くか!!
スクッ

スゴ〜イ
おりこうね〜
ゴミ
拾ってるの〜
??
♪
エラ〜イ
エラくありません.

おフロに入れる 前編

イヌは結構汚れます。
お前たち
ずい分小汚なく
なったな…。
特にボタン♪

よし
フロ
入るか。
がビーン

イヌもおフロに入ります。毎日ではありませんが定期的にキレイにしてあげるようにしています。

洗い方はぬるめのお湯をかけて全身をぬらしてから…
ザー

イヌ用シャンプーを使って洗っていきます。
ブチュー

うちでは顔まわりもゴシゴシ洗うので目にしみないシャンプーを使うようにしています。ちなみに目にしみるシャンプーとしみないシャンプーの簡単な見分け方があるので教えてあげますね。
MALASEB
シャンプー

まずは手にとってよく泡立てます。そうしたら…

こう!!
バーン
バフ
バフ

よし
しみない!
大丈夫♪
※特別な訓練をしています。マネしないで下さい。

そしたら全身を泡で
包むようにして洗って
いきます。
ブクブク
ブクブク

ボタンは慣れたもの
で微動だにしません。

フレブルは顔のシワの
間もキレイに洗うの
が大事です。
お客様どこか
カユいところは
ございませんか?
ゴシゴシ
ゴシゴシ

ジャー

泡をキレイに流したら
バスタブに入れて
体を温めてから
出します。
犬用バスタブ→

タオルでしっかり
ふいたら

完成
まあキレイ。
おどろきの白さ!!

ボタンはおフロに入ると
スッキリしてテンション
が上がってハネ回り、
家のカベを引っかきま
くる。
バリバリバリー
やめて!!

さて
問題はコイツ
つづく

おフロに入れる 後編

タツマキはおフロがキライ。
濡れるのが怖いみたい。
ガタガタガタ

なので…
ジャー
さっ

ジャー
ささっ
よけるな!!

お湯をかけるだけでもう大暴れ。この段階で飼い主もビチョビチョ。
動くなコノヤロ
ヒィーッス

その後のシャンプーはおとなしくしてる。
だが最後のススギでまた大暴れ。
ブクブクブク～

特に顔は困難を極める…
顔はダメッス

もうメンドくさいのでバスタブの中に入れようとするも…
バタバタバタ

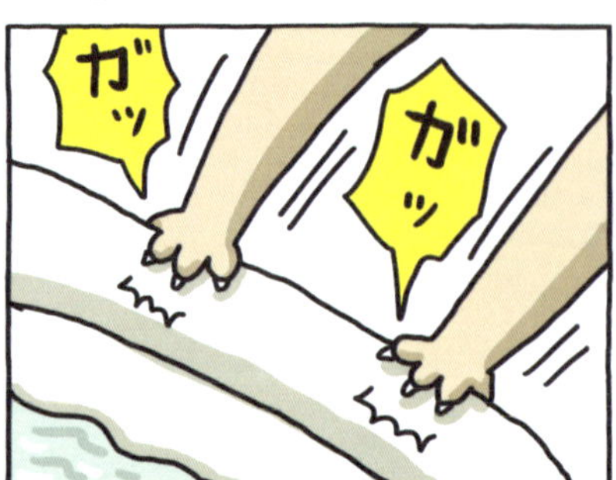
ガッ
ガッ

嫌あ〜っス‼
ズバッ

このようにタツマキのおフロは本当にメンドくさい。そしてこんなに大変な割に洗ってもコイツノライヌ色なのでさしてキレイになったように見えないのが悲しい。

特に変化なし。

フレブルあるある!!
のコーナー♪

このコーナーではフレブルの飼い主にだけ
共感を得られるであろうフレブルあるあるネタを
ドドーンと紹介していこうと思ったが1ページしかない
ので1つだけにしておこう.

パグと間違えられる.

散歩していると まぁ〜間違えられる. 10人に
話しかけられるとその内8人は

「かわいいね〜パグちゃん♪」と言う.

フレブルのことパグって言ったら100円な!!
そんなルールがあったら今ごろポルシェくらい
買えてるはず. そのくらい間違えられる.
こないだも近所のおじいちゃんに「それは何と
いう種類の犬なんぢゃ?」と聞かれたので
この犬はフランス生まれのフレンチブルドッグと
言いまして… とかなり詳しく説明したのに
別れ際に、

「ようするに…パグぢゃな」と言われた.

パグの知名度ハンパねぇ!!

原因

最近パクチーを
育てているのですが
イヌと一緒で上手に
育てるのはなかなか
難しく・・・

なんか端っこだけ
枯れちゃうんだよ
な〜。水が足り
ないとかかな〜?

ヘコヘコヘコ

ジョー
お前か〜

水たまり

水たまり

ササー

バチャバチャバチャ

ね・・・
ネエさん・・・

ドッグラン①

ドッグラン
リードを外してイヌを自由に運動させてあげられる広場。イヌ同士のコミュニケーションの場にもなります。

ハイ入場♪～

やってやるっス!!
ドーーーン

とは言えボタンはイヌに興味がなく

シーーーン

どちらかというと人間派なので
よしレオ!! ボール取ってこい。
ポーーイ

よその飼い主さんにアタックしていくので困る。
おっと!? よーしよし 誰だキミは?
ドーン

あっ ブサイクちゃんだ!!

遊んで〜♪
イヤです

ズンズン
エイエイ♪

すごいズンズンされてる。
ズンズンズン

やはりボタンはドッグラン向いてないいな…

そしてタツマキはドッグランデビュー!!
ダダダダダ

ヴヴヴルル〜〜

ドッグラン②

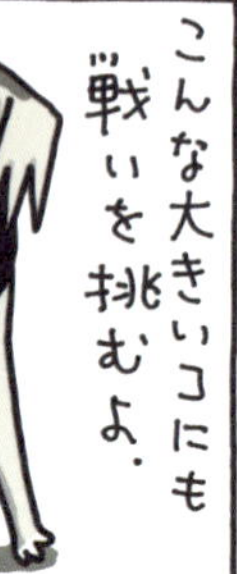

ボタンと逆の意味でタツマキもドッグラン向いてないかもしれない…
誰かれかまわずケンカ売っていくから目が離せない。そしてケンカ以外でも問題行動が…

くんくん
くんくん

ジョ〜

ショコラちゃーん おいで〜♡

ゴゴゴゴ
コラー タツマキ!! よそ様のオシッコナメるなっていつも言ってるでしょー

ペロッ

ビビビビ
うわぁ〜〜シビれてる〜
シビれるっス

カワイイ
え〜〜スゴーイ!! ビリビリしてる〜♡ それ何してるとこなんですか〜?
ビビビビ

うーむ
おたくのショコラちゃんのオシッコをナメて舌がシビれているとこです、とは言いづらい。

ズンズンズン
え〜っと…苦い草を食べてシビれちゃったかな…

ドッグラン③

これ以上
ボタンを
ズンズン
するのは
ヤメて
ちょーだい.

よーし
ボタン
ボール遊び
しよう.
スポーーン

ドッグランは
広くてリードいらず
なので思いっきり
走らせられるのも
良いところです♪
ダダダダ!!

ガブ

ボタンは投げた
ボールを取ってくる
のが大好き♪
バィーンバィーン
ボタン〜い!!
エラ〜い持ってきて〜.

・・・が

渡すのはキライ.
ガーン
くいっ!!

だが知らない人
には渡す.
え!?
くれるの?ありが
とう.エラいね〜.
で,誰だキミは?
#
・・・

以上
ドッグラン紹介でした.

川遊び

フレブルは暑さに激弱です。
ハァ
ゼェ
ゼェ
ハァ
ハァ

なので夏の散歩は水のある所に行くようにしています。
♪

ボタンは水が大好き!!
すぐに飛び込んでいきます。
バシャーン

深い所もかまわず進みます。
ザブザブザブ
とても気持ち良さそうです。

ただ残念なことにボタンは泳げません。
わあああ
ブクブクブク

バチャバチャバチャ
足が着く所なら最強!!

初めての川遊び
タツマキ水入ってみな。気持ち良いから♪

タツマキは珍しく暑さに強いフレブルのようで。だからでしょうか…
シーーーン

そぉー

ピチャ

水に入りたがりません。
つめてっス。
イヤっス。

よっと
?
ビョーン

いいから入ってみなって!!
暑いだろ?
ぐいぃぃー

ほら…こっち来いって。
ちょっとでいいから…
くっ この…ヤロ…
ズリズリズリー

バッ

ビョーーーン

結構な距離を跳んだ!!
スタッ

どうやら川を跳ぶのが楽しくなったらしい…
ビョーン
ビョーン
ビョーン
まぁ楽しみ方は自由だけど…

ぬいぐるみ大好き

イヌはオモチャが大好き♪
ホレ ホレ

タツマキはスポンジソードが大好き。
ブンブン
キャッキャ
ビョーンビョーン

しかしオモチャにも好き嫌いがあって…
ほーらぬいぐるみだぞ〜
…

タツマキはぬいぐるみには興味ナシ。
シーン
その布人形をどうしろというんスか？

ボタンはぬいぐるみ大好き。
女の子だからね。

いつもおもちゃ箱からお気に入りのぬいぐるみを出して遊ぶ。
ゴソゴソ

ボタ〜ン♡またぬいぐるみで遊んでるの〜？
だが…
ペロペロペロ

これはカワイイフレブルくんかな〜
ひょい

くるっ
ゴゴーン

ヒィィー
目玉むしられてワタ飛び出てる
鼻も無〜い〜

在りし日のフレブルくん
フェルトの目
プラスチックの鼻

そうです.ボタンはぬいぐるみの
目をむしり 鼻を引きちぎって
遊ぶのが大好きなのです〜

カプッ

ブチブチ
ブチィーー!!

ペッ

ブン ブン
ブン
ブン
ブン

ブチッ
ビリビリ
ブリッ
バリィー

ボタンはぬいぐるみ大好き.
女の子だからね.

ドアの開け方

世の中には自分でドアを開けられる犬がいるらしい。
ガチャ
ワンダフル!! イヌだけに。
ワンダードッグ!! イヌだけに。

うちの犬もデキるかな？
できるわ。
楽勝っス。

ボタンの場合
そもそもドアノブに届かない。

頭で押す。グイグイ押す。
グイ
ガタガタ
ガタ
グイグイ
そして押してダメなら…

すみやかに破壊行動に移行する。
バリバリガリガリ
ドア壊さないで〜 開けますから〜 今すぐ開けますから〜。

ハイハイどーぞどーぞ
女王様ミッションコンプリート
うむ

タツマキの場合
あれ？タツマキどこ行った？
しばらく見てないけど…

ん？何だ？ドアのガラスに何か影のような…
ゴゴゴゴゴ

ゴーーン
じぃ〜〜
いたー!!

ずっと無言で気づいてもらえるまで待つ!! ひたすら待つのみ!!
開かないかな〜 開くといいな〜
シーーン

分かんないよー。何かアピールしろよ…
やっと開いた♪ 20分待ったっス。

WC
そのくせ人がトイレに入ると…
トイレ トイレー

フゥ〜〜♪

ガチャ
建てつけが悪いので押すと開くうちのトイレ

オイーー!!
何してんスか?
なぜかトイレのドアだけは積極的に開けてくる…

うんこスか?
閉めろーー!!
プライバシィ〜。
覗きは犯罪ー!!
ヘンタイ犬ー!!

WC
バタン!!
ミッションコンプリート

ノゾキスト

タツマキ
何にでも興味を
持つお年頃。
ゆえに？

趣味
のぞき
じぃーっス

家の中ではドアを開けて
トイレをのぞき。
ドア開けるんじゃなーーい!!

キャ〜〜
すりガラス越しに
フロをのぞく。

ヘンタイ!!
まぎれもない
ヘンタイ犬である。

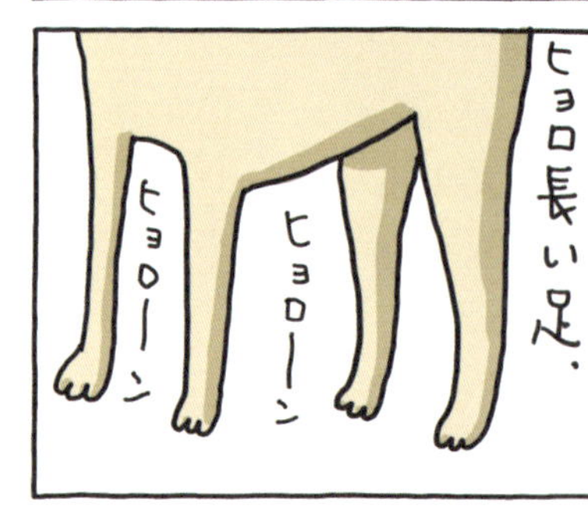

そのヘンタイ趣味を
支えるのがこの
ヒョロ長い足。
ヒョローーン
ヒョローーン

一見高くてのぞ
けない場所も…

ガバッ!!
このとおり
楽々のぞきます。

その能力は散歩でもいかんなく発揮され…
スタタタター
穴ある所全てのぞく。それがノゾキストタツマキ。
ひょい
ヤメロよな〜…
じぃぃぃぃ——
まだ?
ゴゴゴゴ
気をつけなくてはいけないのがあまりに熱心にのぞいているのを見てる内に飼い主も気になってしまうこと…
なんだよ ネコでもいるのか?
さっ
あっ…スイマセン…
…
思わぬ巻き添えを食らいます。

自分アピール

ボタンひとり遊び中
ブンブンブン♪

飼い主読書中

え〜遊んで欲しいの？ん〜

チョイチョイチョイ
ダ〜メ!! ひとりで遊んでな.

・・・

スタタタ…
ジャンプ

ダメダメ今マンガ読んでるから. また後で〜.
プイ

・・・

相手が無視して遊んでくれない時は自ら相手の視界に無理やり入り込み自分以外の対象を全て見えなくして自分をアピールする。それがボタンのやり方。

ナメる

タツマキ！
タツマキ
スピ〜〜
タツマキィ〜
？
またベロ出しっぱなし!!
ゴーーーン
ペコちゃん気取りか!?
タツマキは…ベロが長い。
しょっちゅうハミ出るくらい長い。
ベロ〜〜
ザッ
ハッ!?
だからというわけではないだろうが…
ベロベロベロベロ
ベロ
すごくナメてくる。
ギャー
長いのでヨダレもスゴい…
ア〜…
ドロ〜

ボタンの場合
ペロペロ
なに？ ナメてくれるの？ ちょっ… くすぐったいって(笑) やめろったら〜♪
短いベロで2、3回ペロペロしてくるだけなのでお互いスキンシップになって良い感じに仲良くなれるのだが…

ベロベロベロベロリ
ビチャビチャ
ちょっ!! 激しいって!! い、息できないから…ヨダレでおぼれる…やめて……やめ…
タツマキの場合ヨダレまみれのベロでしつように顔中ナメ回ししかもずーーっとナメ続けるので最終的に…

ぐい
ぐい
やめろって言ってんだろが!!
関係が悪化する。
もっともっとナメたいっス〜♪
コイツはどれだけナメたら満足するのか…

ためしに好きなだけナメさせてみた。
ベロベロベロベロベロベロ
…
時間計測のための時計
03:12

ムリだった。
ギブ
ヒリヒリ
ズキズキ
25:00
25分間たった所で顔が真っ赤にスリむけて終了。

スペースが無い

マンガ原稿絶賛停滞中
ファー

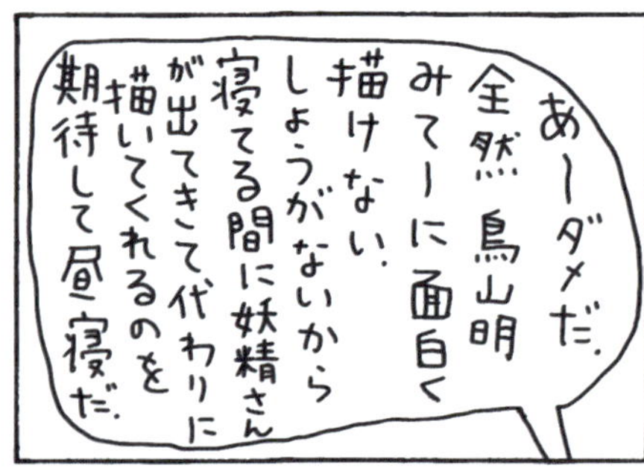

あ〜ダメだ。全然鳥山明みて〜に面白く描けない。しょうがないから寝てる間に妖精さんが出てきて代わりに描いてくれるのを期待して昼寝だ。

だがしかし
すでに先客あり。

やられた。

別に寝ても良いんだけどボタンは布団に対していつも横向きに寝る。
しかもド真ん中

理想
現実
くっ
なので飼い主の寝るスペースが無い。

こんな時はちょっとずつ向きを変えて…
ズズズ…
ぐいぐい

とりゃあ
ゴロン

フ────
よ───し
スペース確保!!

ぐぉぉ〜
これだけ広ければ
のびのびでき
ますな♪

じゃあお隣
失礼しますよ〜♪

ガッバ
んごぉ──

ここにも
いた…
すぴ〜──

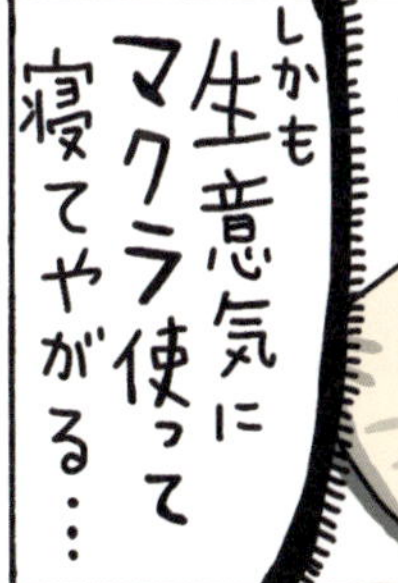
しかも
生意気に
マクラ使って
寝てやがる…

オイ!!
タツマキ
そこ
どいて…
むにゃ〜っス…
ピタッ

まぁ起こすのも
かわいそうか…
…
というわけで
いつもだいたい
こんな配置です…

占拠

一人掛けソファは
貴方だけの特等席。
オシャレでゼイタクな
ひとときをお約束します。

長い足を持て余し
気味の貴方には
おそろいのオットマンも
ステキです♪セットで
置けばラグジュアリーな
空間を 演出すること
うけあい!

そんな我が家一番の
ラグジュアリースポット
一人用
オシャレ
ソファ&オットマン♪
キラ———ン

フフフ
一日の
終わり
はこの
ソファで
くつろぐ
のが最高の
ゼイタクなのさ♪

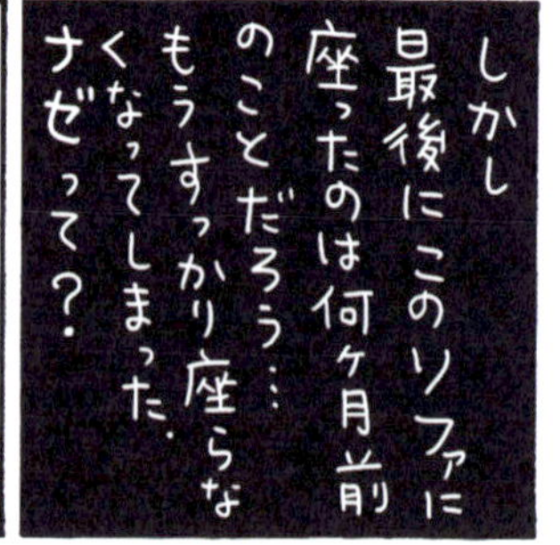
しかし
最後にこのソファに
座ったのは何ケ月前
のことだろう…
もうすっかり座らな
くなってしまった。
ナゼって?

ド〜〜ン
こんなだからさ

ジロ
え?・
満席ですけど?

ジロ
オヤツ中
ですけど?

いつの間にか
住みつかれたコノヤロー

バリバリバリ
やめてぇ〜
ズーン
ブリ
ベリ
ベリ
あら
こんなとこに
糸クズが・・
ソファの上で
ボロボロした物を
食べるなー!!
アグアグ・・
ネエさん
荒々しいっス〜
ハグハグ・・・
ボロ
ボロ
ガリガリガリ
穴あいちゃう
からぁ(涙)
ギャー
ビチャビチャビチャビチャ
オエェー
うっ
ノドに
ボロボロ
した物が・・
今ではすっかり
オシャレ度ゼロの
犬専用ベッドです。
タオル
タオル
ハー
スッキリしたっス♪
シミがぁ〜
オシャレソファに
シミがぁ〜

テレビ

テレビを観ていると…
それではレポートしてもらいましょ〜

ご主人のマタの上でくつろぐのはまったりするっス〜♪マタだけに。

パッ
おっラブラドールレトリバーだ。デカいな〜。

タツマキと同じ色だな。親近感わくんじゃない？タツ…

ん？タツマキ？

いでぇ!!
ドカッ
バッ!!

エラ
ビョーーーン
ガッ

ガバッ!!
ガウワン!!ヴァンワン
タツマキは本物のイヌとカン違いしてテレビに向かって吠えまくる。

イヌが画面から消えると…
さて次は…
シーーーン

再びイヌが出ると…
あっまた出た。こんな部屋の中にまで接近を許すとは不覚ッス〜!!
ガル〜

一方ボタンはもう大人なのでテレビに吠えたりなんかしない。
それテレビよ。液晶分子に電圧をかけて光の量を調整して像を映してるだけよ。

タツマキはアホだね〜ウルサイねぇ〜
ボタンはおりこうさんね〜よしよし♪

ねぇボタンも小さい頃はテレビに吠えたりしてた?
ん〜〜いや元々イヌにそんな反応しなかったから…

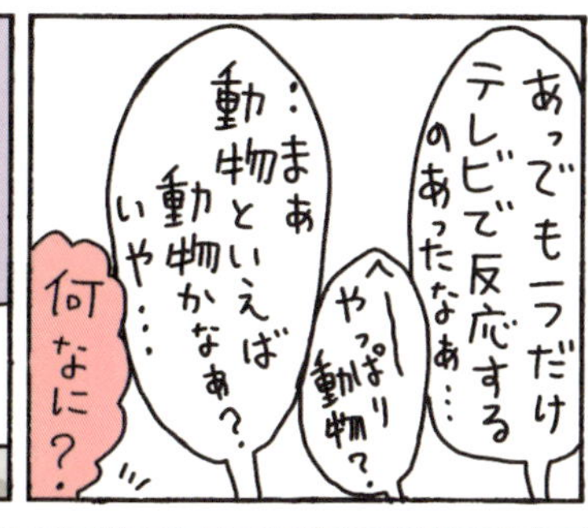
あっでも一つだけテレビで反応するのあったなぁ…
へ〜やっぱり動物?
…まぁ動物といえば動物かなぁ?いや…
何なに?

大相撲
のこったのこった!!
ドーン
なんで!?
ガバッ

さぁ…親近感?
ドスコイ系

そんなわけでタツマキのせいでうちでは動物番組が観れない。
ガルルァ〜
タツマキうるさい!!

オナラ

勝手なイメージですけどイヌってオナラとかしないものだと思ってました。
なんか聞いたこともなかったし…

だからボクはずっと信じていたんです。アイドルとイヌはオナラなんてしないって!!

信じてたのに…

でも実際はヒドいものでした。いつでもどこでもブッブ〜ブッブ!!
はっきり言ってちょっとイメージ変わっちゃったな〜 幻滅したとは言わないけど…

あっアイドルじゃなくてイヌの話ね。

そんなオナラのスペシャリスト。
我が家のアイドルボタンさん(女子)

どうやらフレブルやパグといった鼻の短いイヌはよくオナラをするらしい。
なんか分かる〜。オナラ似合う顔してるもんな〜。

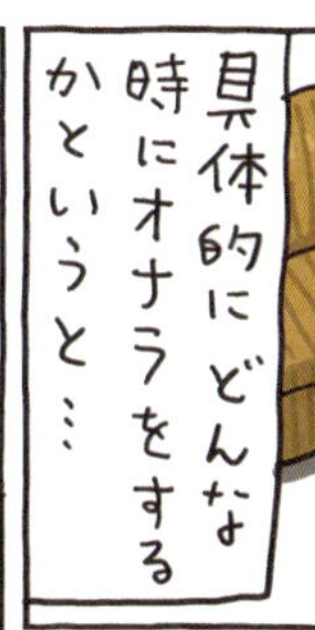
具体的にどんな時にオナラをするかというと…

ソファに登ろうと頑張って…
よいしょ よいしょ
ボターン
手伝ってやろうか?

力んだ時
プゥ

他にも吠えたと同時にうっかり。
ワン!!
ブッ

尻を向けて寝ながらのスカシ。
プスー

そして なにより一番ヤバイのが車での移動中。

ブッ

・・・!?
くっさ!!
ヤバイ 窓開けろ~!!
また した~!!
くさっ!! 息ができ…
プウ~

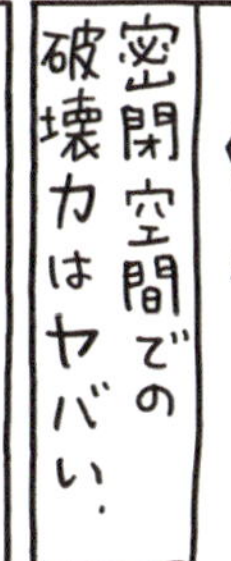
密閉空間での破壊力はヤバい。

目指せ オナラ飛行!!
ププププ

読者投稿コーナー

このコーナーでは読者の皆さんから送られてきたタツマキボタンのイラストを紹介するコーナーです。応募総数1点の中から今回ご紹介するのはこちら!! 岡山県ペンネーム**のんたろう**さんの作品です!!なんとダンボール箱のフタに描いてくれました。

いいですね〜上手ですよ〜特にタツマキがいい表情してますね♪ ボタンがちょっとコワイけど左の**「なにか」**ほどではないかな♪ 何か分からないものはお母さんに描いてもいいか聞いてからの方がいいかもね!! 法に触れるものだったら困るからね♪ のんたろうさんにはキビダンゴマスカットスタジアム味送っときますね。次回載るのはキミのイラストかも!!

※このコーナーはフィクションですが皆さんからの応援イラストはいつでも大歓迎で〜す。

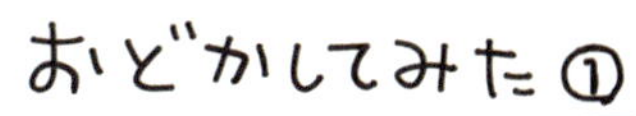
おどかしてみた①

そおーー

わっ
ガッ
ガッ

ババッ
ビクビクッ
ヒイ!?
何スか いきなり!!
ビョーン
アハハハ ダセぇ〜(笑)
#

おどかしてみた②

そおーー

わっ
ブッ

・・・なんか ゴメン

スーパーモード 前編

他のイヌは分かりませんがフレンチブルドッグにはテンションが上がり過ぎて暴走状態になるスーパーモードがあります。
通常モード
スーパーモード
ボボボボボ

遊び過ぎたりしてひとたび発動したら最後…
あっ
ボッ!!

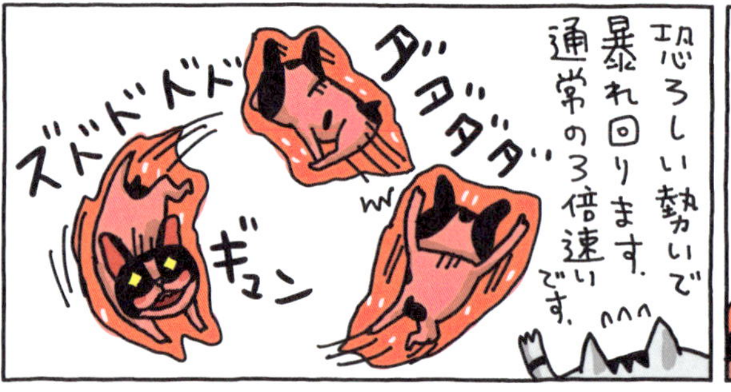

恐ろしい勢いで暴れ回ります。通常の3倍速いです。
ダダダダ
ズドドドド
ギュン

ただ明らかに体に負担のかかる動きをするのでたいてい一分くらいでオーバーヒートしておとなしくなります。
プシュー
プシュー

ボタンは大人なのであんまりスーパーモードにはなりません。

問題はコイツ…

そぉ〜

タツマキのテンションの上げ方はあえて自らをキケンにさらして極限状態にするもの。
ペシペシ
ペシ

ワンワンガウウー
ビク

ゾクゾクゾク〜

スーパーモード発動!!

タツマキは元々が結構なスピードなので
ビュオー

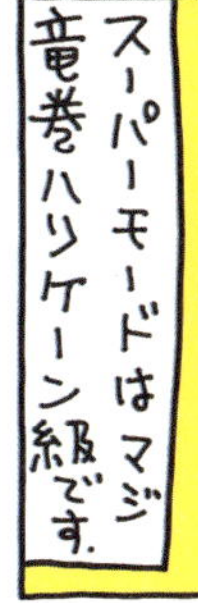
スーパーモードはマジ竜巻ハリケーン級です。

ガシャ
バシャ

ろうかに逃げたー
ビュオー

ドドドドドド
ど、どこだ
どこ行った？

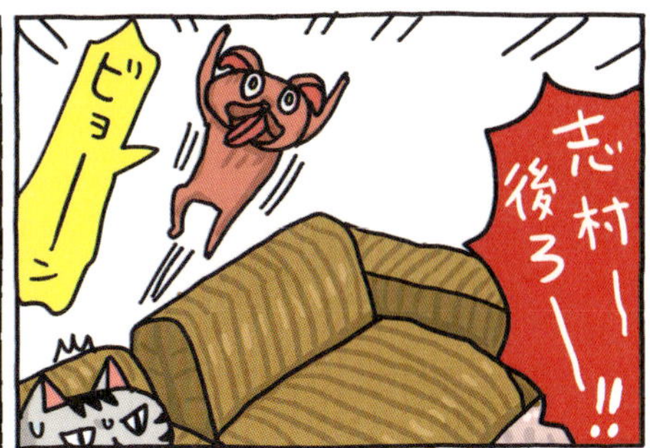
志村後ろ〜〜!!
ビョーン

地獄が始まるよ…

スーパーモード 後編

ボタンのスーパーモード（暴走状態）は直線的.
高い所にいれば安全です♪ヤッタね!!
セーフティーゾーン
デンジャラスゾーン

ところがコイツは・・・
ビョーン

空陸自由自在!!
バババッ
安全な場所などありません.
スタ
ゴロゴロ

そして人は上空からの攻撃手に弱いもの・・・

ダン!!
ビターーン
ガバッ

ぐえええ～
ベボ

ビョ～～ン

ケケケケケケー

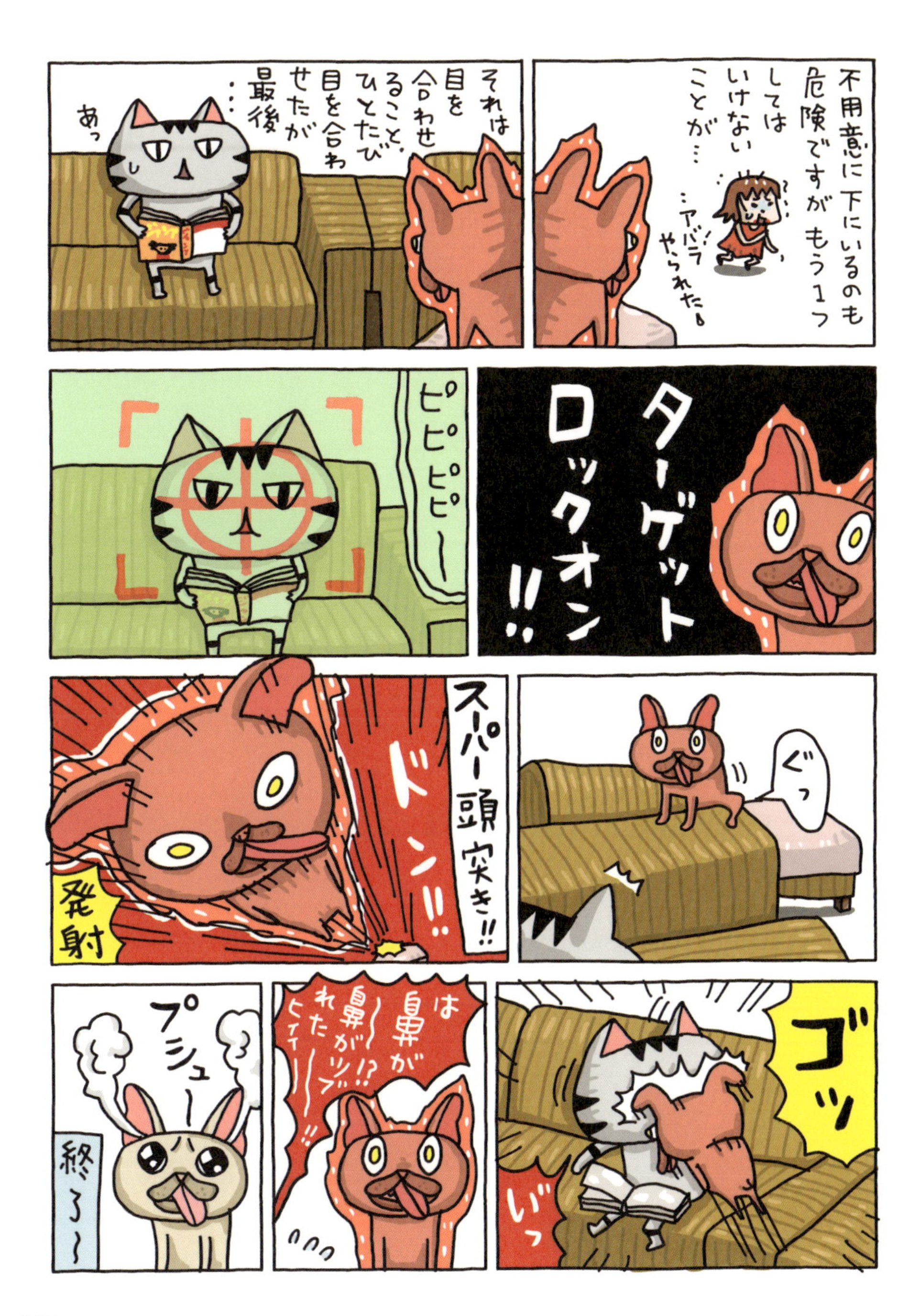
不用意に下にいるのも危険ですがもう1つしてはいけないことが…
…アバラやられた。
それは目を合わせること。ひとたび目を合わせたが最後…
あっ
ターゲットロックオン!!
ピピピピー
スーパー頭突き!!
ドン!!
発射
ぐっ
ゴッ
いっ
は鼻が~!? 鼻がツブれた~ ヒイイ~!!
プシュー
終了~

隠す

ほら
タツマキ、
オヤツの
ササミ
ジャーキー。

ヤッタっス♪
大好きな
ササミジャーキーっス。
誰にも見つからない
ところに隠して後で
ゆっくり食べることに
するっス♪

あれ？
食べないのか？
隠してくるっス!!

タツマキは…
ゴソゴソ
何やってんだ？

カンペキっス。

隠すのがヘタ。
隠してる…つもりか？

ダメっス～
それはタツマキのっス～!!
ダダダダ

取らないよー
見てただけだって!!
ココはダメっス。

場所のチョイスもダメ…
ソファを掘るな!!
バリバリベリベリ

上手く隠せたっス～。

ここなら見つからないっス♪

ゴゴゴゴゴゴ

見つけた
↓

ハッ!?
ネエさん何してるっスか!!

ヤバかったっス〜〜、油断もスキも無いっス。みんながジャーキーを狙っているっス〜〜。

ゴゴゴ
ゴゴゴゴ
なんかみんな
コッチ見てるっス?。

ゴゴゴ
どこに隠しても絶対見つける!!

ゴゴゴ
食べないなら返してもらおうか?

ゴゴゴゴ
一回食べてみたかったのよねジャーキ〜

アワワワワ…
ガタガタ〜
ガタガタ

ザクボリボリ
ザクバッ
ガツガツ

ごくん

ガム戦争 前編

残り一本か…
イヌ用ガム

じゃあボタンどーぞ。

タツマキには内緒だぞ♥

じぃーー
見たッス!!

ダダダダ!!
あ
ズルイッス。ボクも欲しいッス!!

ゴメンタツマキ。もう無いの。
ガビーンス。

ネエさんいいッスね～。うらやましいッス～。ちょっとひと口だけかじらせて欲しいッス～。
ピタァ～～

じぃーー
じぃぃーー

プイ
ガーーン

ガム欲しいっス…
ダラダラダラ
ヨダレ!!

そしてタツマキのガムゲット作戦が始まる。
バババババッ
バッ
ババババッ

まずは自分を大きく見せて相手をビビらせ…
ガバー

決して当たらない距離でのダッシュを繰り出す。
ダン
ダン

謎の高周波を出し相手に不満を伝達…
ヒィイイイィィ～～ン

最後に超至近距離から目で訴えてみる。
じぃぃぃ

くっ…こうなったら…
ビョ～ン
スタッ

イソップ作戦っス!!

結果
ボタン ノーダメージ
当たらなければどうということはない。

ガム戦争 後編

イソップ童話 欲張りなイヌ
ホネをくわえたイヌが水に映った自分の姿を別のイヌだと思いそいつのホネもゲッチュしてやろうとワンて吠えたらホネが水に落ちた話。

イソップ作戦っス。
そお――

ピト

ピイ
ピト
ピト

ペシ

ボタン激怒ルアア
ワン!!
ポロ

カツーーン

もらったっスー!!
ネエさんの敗因は不用意に吠えたことっスー!!
バーーン

難なく迎撃
ドガッ!!
ゴハッス!!

からの・・・・
ズドドドドド
ズリズリ〜

開いてた窓から投棄
ピュ〜〜
キィー
えぇー!?

大丈夫か?タツマキー!!

一階で良かったな…
ジョ〜〜〜
…

アグアグアグ

こうしてガム戦争はボタンの圧倒的勝利をもって終結した。

その後ガムに飽きたボタンが去った後…

タツマキはそこに残された味のしなさそうなガムをうれしそうにかむのだった…
クッチャ
クッチャ
クッチャ

ズルいヤツ

最近タツマキのズルさが目につくようになりました。例えば見送りの時・・・
じゃあ買い物行ってくるから。

行ってきまーす。
バタン
さびしいっス。
待ってるっス。

ダッシュ
と見せておいて・・・
ドン!!

ピュ

バフーン

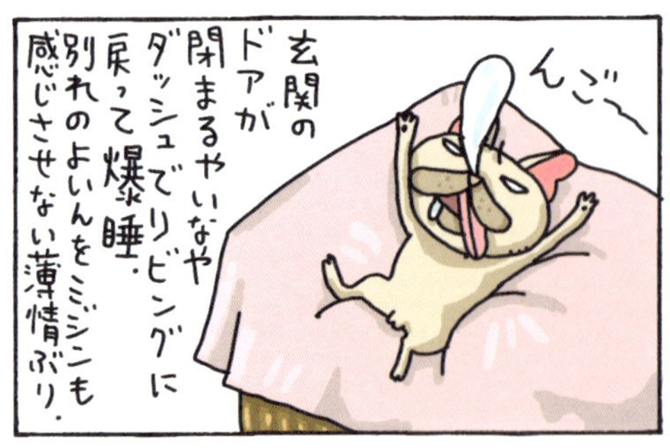
玄関のドアが閉まるやいなやダッシュでリビングに戻って爆睡。別れのよいんをミジンも感じさせない薄情ぶり。
んごー

一方ボタンは
その場でずっと帰りを待ちます。
ジィー
ボターーン こっちおいでー。

なんという忠犬ぶり。渋谷駅前に銅像を建てて若者の待ち合わせスポットにして欲しいくらい。

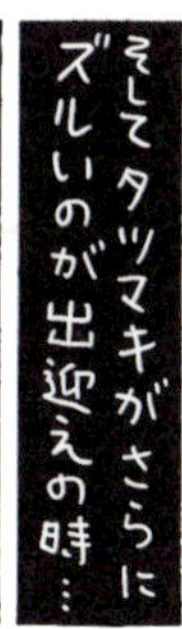
そしてタツマキがさらに
ズルいのが出迎えの時…

ガチャ
ガチャ…
ハッス!!

帰って来たと気づくと
スーパーダッシュ!!
ビョ〜ン
バン

ビュン
ヤベッス
ダダダダ

ドアが開く直前に
ボタンより前に出て…
キキィー

ガチャ
ただいま〜

さもずっと待ってたかのように
振るまう。
フリフリ
え!?
待ってたの?

なんて優しい子

エライぞ!!
ふ・た・り・とも♡

ズルっ!!

犯人

ちょっと長目のお出かけをする時は
仲良く留守番しててね♪

ハーイ
ラジャっス

さびしくないようにテレビをつけておいてあげるから.

音量下げたテレビをつけておくのだが…
次のニュースは…

今回はそれが裏目に出たようで…
ゴゴゴゴ…

バーン
ぐちゃぐちゃ

誰だぁ!! 部屋の中で大暴れしたヤツは~!!
さて犯人はどちらでしょーか?

ガビーン
ああ!?

留守中に放送されていた番組
気象情報
12:00
ニュース
12:15
大自然スペシャル
サバンナの
猛獣を追う!!
こ、これはー!?
分かったぞ。
犯人はお前だぁ!!
テヘ
バレたっス。
再現VTR
ジャーーン
大自然スペシャル
チャララ〜〜♪
サバンナの動物は朝が早い…
ガルルアー
!?
ドーーン
グルルルー
ガオー
バサバサー
キキィー
説明しよう。
コイツはテレビと現実の区別がついていない。
ガシャーン
ガウワウー
バッ
ピュー
ババ
ババ
ゴッ
ガゴッ
ガッ
次からは番組表をチェックしてから出かけよう…

取材されたよ愛犬の友 前編

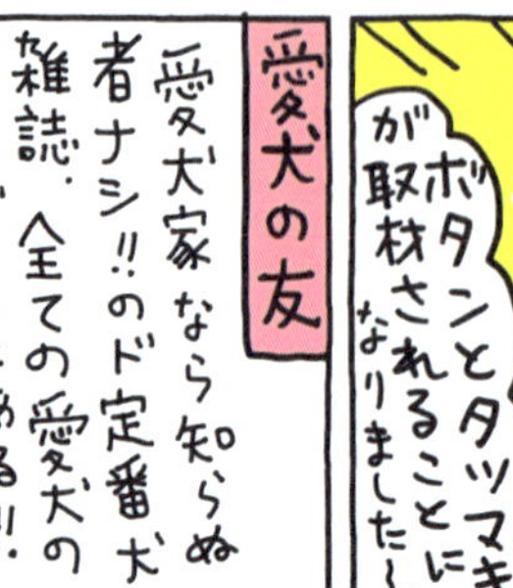

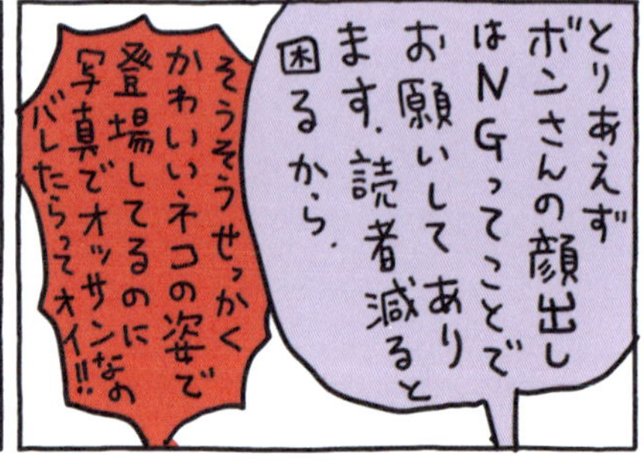

ドーーン
目玉、15%拡大。
くびれ加工
瞳にハートを入れて、ライトは強めにしてシミをトバス。
目玉を引っこめる。10%縮小
鼻高く。
ホワイトベージュ。
毛穴消す。
じゃあこんな感じで♪

当日はまず部屋の中の撮影とインタビューを行ってその後外を散歩している所を撮ってもらって終了となります。
ビリビリ〜

こうして初のイヌメインの取材が決まった。
スゴーーい♪ガンバレ〜!!ボタンとタツマキ〜〜!!

だが飼い主は思った。
ゴゴゴゴ
我々は部屋の掃除をガンバラなければ!!

それから我々は年末でもしないくらい必死に部屋を掃除し…
ゴシゴシ

イヌを洗い、
ジャーー

部屋を掃除した。
キュキュー

そして取材当日、ボタンとタツマキを悲劇がおそった…
つづく

取材されたよ愛犬の友 後編

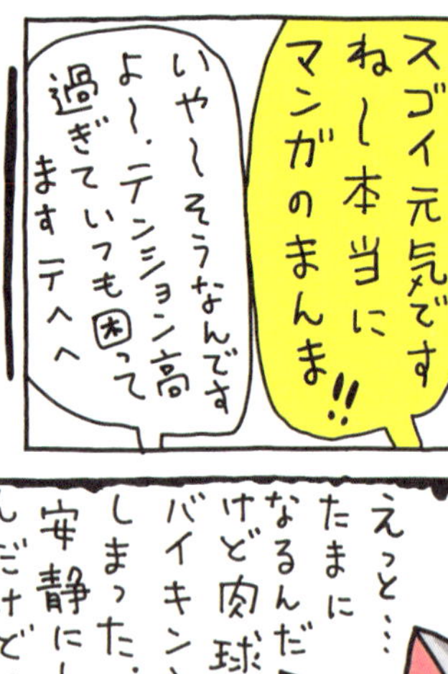

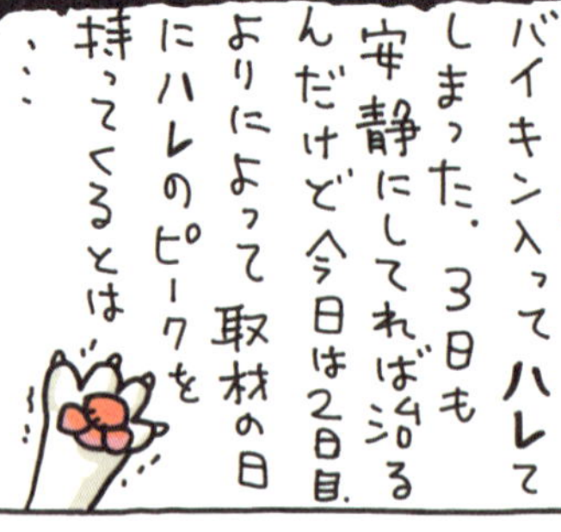

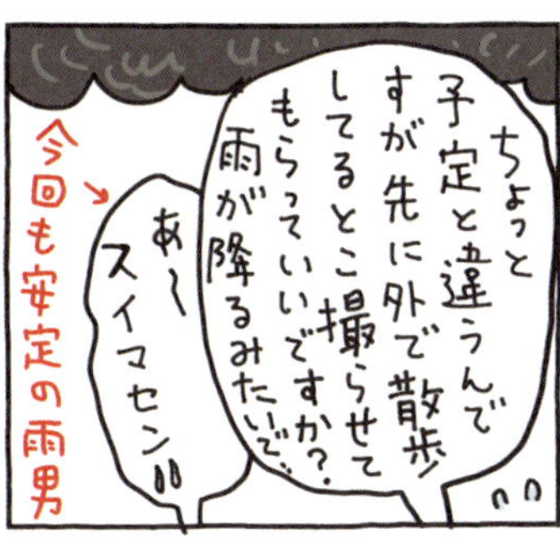

イヌの散歩風景を撮ってもらうのにイヌが一匹も歩かない異例の事態発生!!

ゴロゴロ

ほら!! タツマキ、これいつも飛びついてるだろ？ほら来い!!

ギュルルー

ヒョコヒョコ

こうして「いつもはこんなじゃないんです、マンガのまんまなんです～信じて下さい～」な取材は終わった。

でもそこはプロのお仕事。記事はとても良い感じに仕上げていただきました♪良かったら見てね。

イヌのゴハン

イヌのゴハンは朝と夜2回。人間と同じ物はダメなので専用のゴハンを用意します。
ぐぅぅ〜
ハラペコっス。
ぐぅ〜
ゴハン作るか。

カチッ
ボッ!!

ザク

イヌのゴハンは基本ドライフードでOK。必要な栄養は全部入っています。
ジャッ

自炊は学生時代からやってて慣れているのでイヌのゴハンも人間のゴハンも同時進行で作っちゃいます。
火をつけてフライパンに油をひいたら…
ボッ

ジュワァ〜〜
今日はふんぱつしてステーキにするか♪

ボワッ!!!

両面を強火でコンガリ焼いたら中は余熱で火を通してミディアムレアに仕上げます。
ドサッ

肉に火が通るのを待つ間に
ドライフードにカツオブシをかけて香りづけ．
パラパラ

出来上がったステーキは薄くスライスしていき…
スッ
スッ

器に一枚ずつ重ねるように置いていったら…

ステーキ丼完成!!
ドーン

実食!!
ガッガッ　ガッガッ

ステーキ丼図解
ステーキ
カツオブシ
ドライフード

ピュー

ジャバー

うむ美味い．
ズルズル
ズル
だいたいこんな感じです．

ステーキ丼

オマケマンガ

多摩川にて…

実録描きおろし
多摩川の奥地で
キミたち遭難したんだって？
そーなんですスペシャル
そーなんっス。

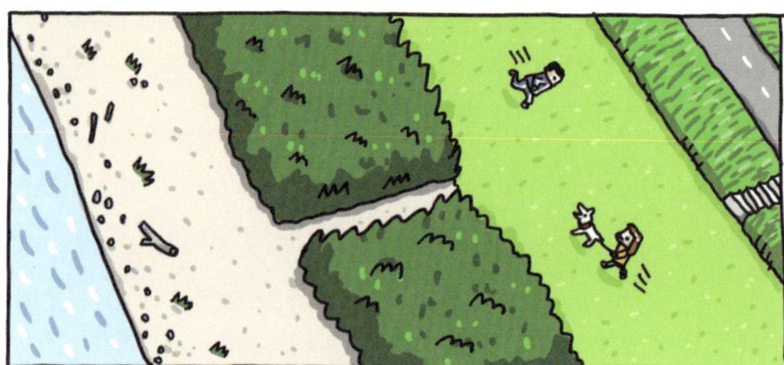
多摩川河川敷
東京・神奈川の境を流れる都会のオアシス多摩川。周辺は自然豊かで散歩にもバッチグー。

やってきました
多摩川河川敷♪

手前の土手周辺は整備されてて散歩やマラソンに最適よ。

フフフ みんな相変わらず整備された手前のコースをおとなしく散歩してやがるぜ。だが多摩川上級者の我々はそんなとこ散歩しない!!
我々が目指すのは人の手の入ってない林を抜けた先の多摩川そのもの。
ここは林
ここも林

フ～遊んだ遊んだ。じゃあそろそろ帰りますか。

きっとあっちにも林を抜ける道があるぜ♪

このちょっとした冒険心が今回のトラブルの原因となる。あっちにきっとある小道を見つけるには彼はあまりにも方向オンチ過ぎた・・・

おやっ？
ガサガサガサ
あっれえ？
遭難完了
あれ？アイツらどこ行った？
ボターンどこだー？
ガサ
草が深くて見えん．
ガサ
ザザザザ
ペキッ
ガササササ…
パキッ
ガサ!!
出た!!
タツマキーどこー？
ガサ!!
バッ
バイーン
ビョーン
ズザ!!

お前ら移動方法が独特だな…
それはいいとして残念ながら我々は迷ってしまったようだ。ここはイヌの出番だろう。頼んだぞ。

ビョーーン
パキ
ザザ
バキ

ビョーーン
おお!! 迷いが無いな♪ さすがイヌ!!
ザザ

ガサッ
おっコッチ? スゴいじゃんお前たち。やれやれ助かっ…

思いっきり行き止まりじゃねーか!!
ゴーーン

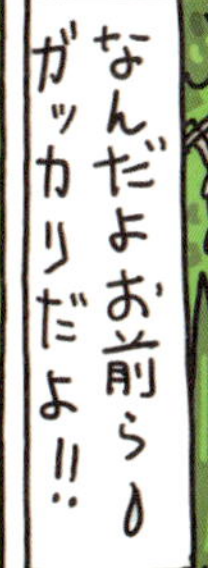
なんだよお前ら♪ ガッカリだよ!!

ここの草美味しい。
草目当て!?

ジョ〜〜
ハァースッキリしたっス♪
オシッコかよ!!
出口探してくれよ〜。
!!

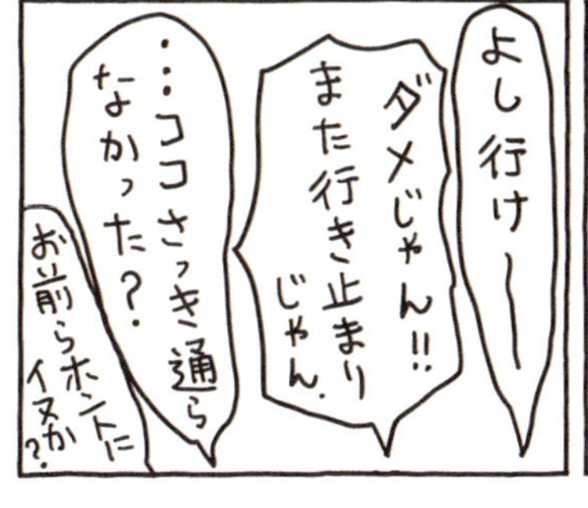
よし行け〜〜
ダメじゃん!! また行き止まりじゃん。
…ココさっき通らなかった?
お前らホントにイヌか??

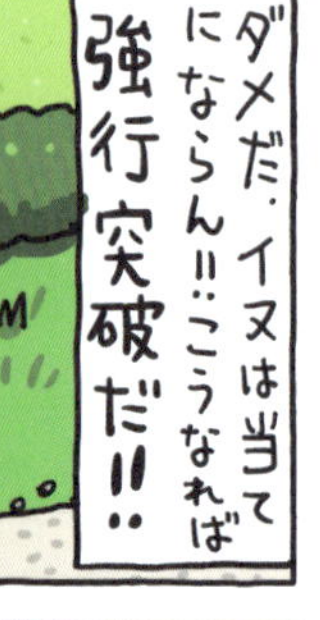

ダメだ。イヌは当てにならん!!こうなれば
強行突破だ!!

道が無いなら突っ切るまでよ!!

うおおおー
バサバサバサ

ワッサァ
ムリだった。

その後も歩きに歩き、ついに脱落者が・・・
ハァ
ハァ
ハァ

しっかりしろー 寝たら死ぬぞー
ハァハァ
ハァ
一番負担のかかる移動方式を採用していたボタンが限界に!!
ガサ

以降 ボタンという名の12kgの固まりを抱えて出口を探すも全く全然みじんも見つからない上に、
なんということでしょう・・・

日が暮れてきた。

カー
カー
こ、これは本気と書いてマジにヤバい。このままでは・・・

他にも被害者の男性はコンビニの弁当を買う時もいつも迷って決められなかったと言います。今回の事件は人生に迷った男の末路と言えるのではないでしょうか!!
以上現場のジョージでした!!

ゴキュゴキュ

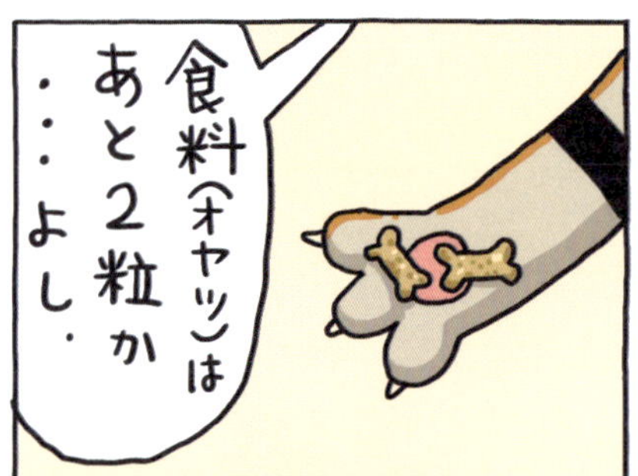
食料(オヤツ)はあと2粒か・・・よし。

エネルギー注入。タツマキお前に全てをかける!!
アグアグ

出口見つけてきてタツマキ様～!!
くんくんくんくん

お願いしまーす!!
分かったっス!!
キラーン

ビョーン
ビョビョーン

がんばってぇ～!!
暗くなってきたよ～
ヤバいよー。
ビョ～～ン

・・・えっと・・こっち曲がったよな?
ガサガサ
・・・

ビカー!!
ええーー!!
タツマキお前ってやつは…

結局オシッコかーーぃ!!
ジョ〜〜〜

も〜使えないヤツ。
こんな看板にオシッコかけてるヒマあったら…ん??
ジャーー

バッ
看板〜!!!

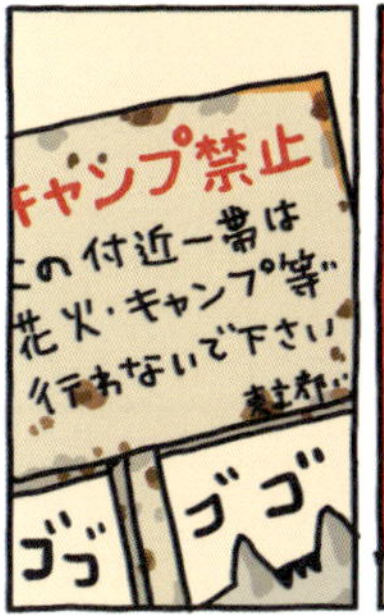
キャンプ禁止
この付近一帯は花火・キャンプ等行わないで下さい
ゴゴ
ゴゴ

ハッ!?
キャンプ禁止

みみみ
道あったぁ〜
出口発見〜!!
ヤッターー
帰れるぞ〜
うわ〜〜ん(泣)
?

タツマキ最高〜
エラーーイ♪
バンザーイ!!
オシッコバンザーイ。
ワ〜♪
ワ〜♪

こうしてなんとか我々は多摩川に骨をうずめることなく帰ることができたのでした。
おわり

○グじゃありません!!
わー見てみて、スゴイかわいい~!!
キャーかわいー こっち来たー♪
♪
わーー♪ わーー♪
ホントかわいいわー。大好き!!
パグちゃん♪
違います。フレンチブルドッグです。
ゴーーン
ママ見てーワンワン♪
かわいいねーパグちゃんよー♪
違ーう!!パグちゃんはコレー!!
実録これがパグだ!!
ゴーーン
この絵悪意あるぞ
ちなみにフレンチブルドッグはこれな♪
ウソつけー!!
まずミミが違う!!
パグ
テロン テロン
ピーン シャキーン
フレブル
シッポも違う!!
パグ
ぐりんぐりん
ヌヨロン
フレブル
何よりドロボウじゃない。
悪意~

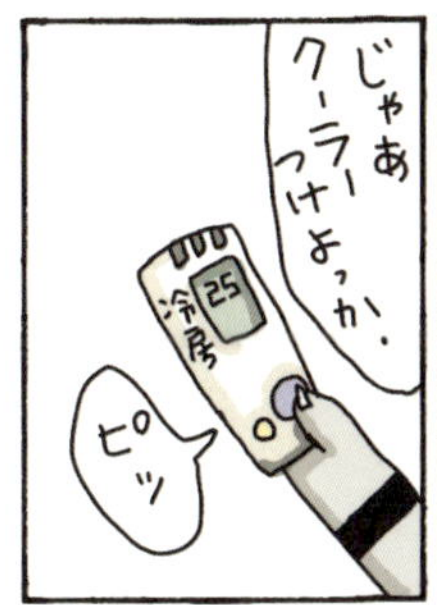

作者からひと言

フレンチブルドッグマンガの連載が決まり、試しに描いてみたのがコレ。タツマキは描いたことなかったけど毎日顔見てるし、さぞかしカワイイキャラが描けるだろうと思ったがそんなことは無かった。目がヤバい。

タツマキボタンいかがだったっスか？
クンクン
笑った？
面白かったかしら？
ドキドキハラハラっスか？
どう？
ど、どうっスか？
ジィ〜〜
ペロ
眠くならなかったっスか？
ピタ〜

カワイイ？
これからもヨロシクね♪
飲む？
ジョー
バシャバシャバシャバシャ
ビョーン
つかれた
どうかしらね？
また会いたいっス
あ
り
が
とぅ
またねー
ボタンとタツマキ

■ ボンボヤージュ

1973年岡山県倉敷市生まれ。
イラストレーター。主に頭の大きい動物キャラクターを描く。現在一緒に暮らしているのはフレンチブルだが、自画像とペンネームはずっと昔に同居していたネコから借りている。書籍をはじめ、Web・携帯サイト、LINEスタンプ、グッズ等、そこそこ色んな分野で活動し、幅広い世代の人気を集めている。著書に『旅ボン』シリーズ、『大人ボン』（主婦と生活社）、『ちびギャラ』シリーズなどがある。

著者公式HP & モバイルサイト
http://www.bonsha.com

タツマキボタン

著　者　ボンボヤージュ
編集人　殿塚郁夫
発行人　永田智之
発　行　主婦と生活社
〒104-8357
東京都中央区京橋3-5-7
編集部　03-3563-5133
販売部　03-3563-5121
生産部　03-3563-5125
ホームページ　http://www.shufu.co.jp
印刷　大日本印刷株式会社
製本　小泉製本株式会社

編集・デザイン　鈴木知枝　金子美夏（有限会社ボン社）
担当　斉藤正次　芦川明代（主婦と生活社）
協力　ボタン♀　タツマキ♂

Printed in JAPAN　ISBN978-4-391-15210-4

★製本にはじゅうぶん配慮しておりますが、落丁・乱丁がありましたら、小社生産部にお送りください。送料小社負担にてお取り替えいたします。